AF363108

Physik

13 **Reihe** kolleg-text

Berger
Philosophische Grundgedanken zur Struktur der Physik

Neusüß
Elektronische Schaltungen

Dahncke
Kinetische Gastheorie (Lernprogramm)

Pientka
Leitungsvorgänge in Metallen und Halbleitern

Harbeck / Grehn / Holz / Langensiepen
Brenneke / Schuster, Physik Oberstufe (math.-nat. Gym.)
11 603 S., 480 Abb., gbd., Best.-Nr. 512, 24,80 DM

10 *Harbeck / Becker / Neusüß / Petersen / Rietz / Wittmann*
Physik in unserer Welt
7./8. Schuljahr (HS, RS) in Vorb.

Holz
Brenneke / Schuster, Physik Mittelstufe (Gym.)
349 S., 441 Abb., gbd., Best.-Nr. 511, 16,80 DM

Physik

für die Sekundarstufe I

Einstieg mit oder ohne
Vorkenntnis (RS, Gym.)

Inhalt Mechanik, Kalorik, Optik,
Magnetik, Elektrik, Dynamik, Elektronik,
Atomphysik, Schwingungen und Wellen

Konzept lockerer Kapitelzusammenhang, starker
Rückgriff auf Modellvorstellungen, SI-Größen, neue
experimentelle Vorschläge, Themenausweitung zur Technik

Buchgestaltung *(E. Jung)* klarer, übersichtlicher Aufbau;
typisierte Grafiken, Beschränkung auf das Wesen der Bildaussagen;
harmonische Zuordnung von Bild und Text; strukturierte Leseblöcke

Holz / Draaf / Lagensiepen / Ludwig / Rietz / Scheu
ca. 450 S., ca. 700 Abb., gbd., Best.-Nr. 510 etwa 25,– DM (Frühjahr 1975)

7

Harbeck / Neusüß / Schönbeck / Zander
5/6 **Physik in unserer Welt** (alle Schularten)   5 – beobachten und beschreiben   6 – vergleichen und messen

Auswahl aus dem Verlagsprogramm   Katalog auf Anforderung   Preisänderung vorbehalten   Verlag Vieweg, 33 Braunschweig, Postfach 33 67

» **vieweg**

BEITRÄGE

ZUM MATHEMATISCH-NATURWISSENSCHAFTLICHEN UNTERRICHT

Heft 28 November 1974

Rainer Engelhard

Lineare Abbildungen und ihre Umkehrungen

Inhalt

Einleitung

Der folgende Aufsatz will ebenso wie der Artikel im Heft 24 der Beiträge (1973) einen Bericht über einen Unterrichtsversuch geben, der in einer Klasse 12 eines naturwissenschaftlichen Zweiges stattfand. Dieses Heft ergänzt das genannte Heft insofern, als hier ein besonderes Kapitel der linearen Algebra herausgegriffen wird, das sich nach Ansicht des Verfassers besonders gut für den Oberstufenunterricht eignet, weil der Stoff leicht ist und die Schüler deshalb selbst produktiv den Unterricht mitgestalten können. Dieser Beitrag ergänzt aber auch den Abschnitt 3.3 (Kern, Faser) des Kollegtextes „Lineare Abbildungen, Affine Abbildungen, Kegelschnitte". Dort konnte im Rahmen eines Lehrbuches auf das hier dargestellte Thema nicht so detailliert eingegangen werden.

Hans Schubart

Einführung in die klassische und moderne Zahlentheorie

Dieses Buch gibt einen umfassenden Überblick über die wichtigsten Probleme der Zahlentheorie in Vergangenheit und Gegenwart. Es ist vor allem als Hilfe für das Selbststudium gedacht; daher werden didaktische Prinzipien und historische Zusammenhänge in den Vordergrund gestellt. Dieser Konzeption entsprechen auch die zahlreichen Übungsbeispiele, deren Lösungen anfangs vollständig und später in Auswahl im Lösungskatalog angegeben sind.

Für Benutzer mit bestimmten Interessengebieten enthalten die „Hinweise für den Leser" Anleitungen, sich in spezielle Problemstellungen einzuarbeiten.

Voraussetzung für eine erfolgversprechende Arbeit mit diesem Buch ist lediglich das mathematische Schulwissen. Jedoch sind alle mathematischen Zusammenhänge, soweit sie die Grundlage zahlentheoretischer Erörterungen bilden, im einleitenden Abschnitt noch einmal zusammengestellt. Grundlagen, die außerhalb des Rahmens der Schulmathematik liegen, werden selbstverständlich besonders ausführlich dargeboten.

Das erste Kapitel vermittelt die zahlentheoretischen Kenntnisse, die für den Mathematikunterricht der verschiedenen Altersstufen bedeutsam sind. Dazu gehören Aussagen über figurierte Zahlen, Teilbarkeitsfragen, Eigenschaften der Zahlenschreibweise im Positionssystem, Aussagen der analytischen Zahlentheorie und die Primzahlverteilung. Auch die Eigenschaften der komplexen Zahlen und die Grundlagen von Gruppen, Ringen und Körpern werden behandelt.

Im zweiten Kapitel wird auf den Modul-Begriff, den Bereich der ganzen komplexen Zahlen und die Kongruenten eingegangen.

Das dritte Kapitel ist vor allem den „Freunden der Zahlentheorie" gewidmet. Es enthält Ergänzungen zu meist klassischen Problemen, die teilweise in den ersten Kapiteln nur kurz behandelt sind.

Weitergehende, zur Analysis gehörende Aussagen werden ausführlich im 4. und 5. Kapitel entwickelt.

Das vorliegende Buch ist allen Studienanfängern des Faches Mathematik selbst und auch allen anderen Studenten zu empfehlen, für die die Beschäftigung mit den Grundlagen der Mathematik unentbehrlich ist.

Schubart, Hans: Einführung in die klassische und moderne Zahlentheorie. Mit 13 Abb. — Braunschweig: Vieweg 1974, VIII, 472 S, DIN C 5 (uni-text/Skriptum). Pb. 48,— DM
ISBN 978-3-322-97917-9   ISBN 978-3-322-98452-4 (eBook)
DOI 10.1007/978-3-322-98452-4

Einleitung

Seit einigen Jahrzehnten ist die Lineare Algebra innerhalb der Mathematik immer mehr in den Vordergrund gerückt. Sie ist Grundlage vieler Teile der Mathematik, aber auch in der Physik und in anderen Anwendungsbereichen der Mathematik wird sie benötigt. So gehört sie in der Ausbildung eines Mathematikers oder Physikers an einer Universität mit an den Anfang. Die Schule bereitet jedoch meist noch zu einseitig nur auf die Infinitesimalrechnung vor, denn auch die vektorielle Behandlung der Analytischen Geometrie, wie sie in vielen bisherigen Schulbüchern zu finden ist, führt kaum zu jener abstrakten Begriffsbildung, die heute in der Linearen Algebra üblich ist. Soll die Kluft zwischen Schule und Universität im Fach Mathematik verkleinert werden, so ist eine bessere Vorbereitung auch auf die zweite Anfängervorlesung, nämlich die Lineare Algebra, nötig.

Nun zeigen aber die Versuche, daß eine Behandlung der Linearen Algebra in der Oberstufe nicht nur möglich, sondern auch besonders dazu geeignet ist, die in den Richtlinien geforderte Vertiefung des Mathematikunterrichts durchzuführen.

Erstens gibt es nämlich in der Linearen Algebra viele Sätze, deren Beweise kurz und leicht genug sind, um von den Schülern schnell überblickt zu werden. Dabei lassen sich auch einfache Beweisregeln behandeln (z. B. Kontraposition). Darüber hinaus kann man in einer abstrakten Theorie viel besser ein Bedürfnis nach genauen Definitionen und Beweisen erzeugen, als in einer Theorie, die ständig mit der Anschauung arbeitet, weil in einer abstrakten Theorie die Begriffe und Sätze nicht ohne weiteres von der Anschauung her klar sind. So kann die Behandlung der Linearen Algebra zu einem tieferen Verständnis der drei Elemente des mathematischen Gerüstes führen, nämlich Definition, Satz und Beweis.

Zweitens soll in diesem Aufsatz gezeigt werden, daß die verschiedenen Begriffe der Linearen Algebra im traditionellen Oberstufenunterricht so häufig auftreten (ohne allerdings in das Bewußtsein der Schüler gehoben zu werden), ja daß die Schüler bereits in den linearen Strukturen denken, ohne es zu wissen, so daß sich eine Behandlung dieser Begriffe geradezu aufdrängt. Die linearen Strukturen finden sich ja in vielfältigen Modellen sowohl in der Geometrie als auch in der Algebra und Analysis. Gerade die Verschiedenartigkeit der Beispiele aus den verschiedensten Bereichen der Mathematik für dieselben mathematischen Begriffe ist für die Schüler immer wieder überraschend. So können sie langsam begreifen, was man in der modernen Mathematik unter einer Struktur versteht.

Im folgenden soll nun über einen Unterrichtsversuch berichtet werden, der in einer 12. Klasse eines naturwissenschaftlichen Gymnasiums durchgeführt wurde. Ziel war es, einige Sätze und Begriffe aus der Theorie der linearen Abbildungen zu behandeln. Von den vielen im Unterricht verwendeten Beispielen war nun die Abbildung besonders interessant, die durch die Differentiation gegeben ist. Deren „Umkehrung" stellt ja bekanntlich das unbestimmte Integral dar, das bei dieser Gelegenheit eingeführt werden sollte.

Es könnte nun so aussehen, als sei mit dem im folgenden beschriebenen Lehrgang allein die Einführung des unbestimmten Integrals beabsichtigt. Diesem Gedanken soll gleich entgegengetreten werden. Das unbestimmte Integral erscheint hier nur als Nebenergebnis. Die oben genannten Ziele der Vertiefung des Mathematikunterrichtes bedeuten mehr als bloß die Einführung des unbestimmten Integrals. Auf diese Ziele aber kam es an.

Karl Lemnitzer

Einführung in die Technik des Integrierens

Braunschweig: Vieweg 1974. 136 S. DIN C 5 (uni-text/Programm.) Pb. 14,80 DM
ISBN 3 528 03566 8

Kurzinformation

Die Umsetzung von Lehrsätzen in die Praxis bereitet dem Lernenden oft Schwierigkeiten. Zwar stehen ihm im allgemeinen Aufgaben zur Verfügung, um die Anwendung des erarbeiteten Stoffes zu üben; er kann aber nur selten feststellen, ob er richtig oder falsch gerechnet hat, da ihm oft nur das Endergebnis und nicht der gesamte Rechengang zur Kontrolle zur Verfügung steht.

Für die wichtige Technik des Integrierens schließt nun das vorliegende Programm die genannte Lücke. Der Leser kann sich damit alle notwendigen Fertigkeiten selbständig aneignen und seine Arbeit laufend überprüfen. Daher ist das Buch allen, die sich in die Integralrechnung einarbeiten wollen, besonders zu empfehlen.

Horst Wenzel, Friedrich Anacker, Joachim Klaus Bönisch, Bernhard Göhler, Karl-Heinz Körber, Joachim Leskien, Peter Meinhold u. Lothar Oelschlaegel

Einfachste Konvergenzkriterien für unendliche Reihen

Braunschweig: Vieweg 1974. 52 S. DIN C 5 (uni-text/Programm.) Pb. 9,80 DM
ISBN 3 528 03567 6

Kurzinformation

Einer unendlichen Reihe ist im allgemeinen nicht ohne weiteres anzusehen, ob sie konvergiert oder divergiert. Die Kenntnis der wichtigsten Konvergenzkriterien ist daher für die Studenten der Mathematik wie auch der Naturwissenschaften und der technischen Disziplinen unbedingt notwendig. Diese Kenntnis allein reicht aber nicht aus; es ist außerdem wichtig, die Anwendung des Gelernten zu üben.

Gerade in dieser Hinsicht soll das vorliegende Programm dem Leser die notwendigen Hilfen geben. Er kann die Arbeitsgeschwindigkeit seinen eignen Fähigkeiten anpassen und vermeidet vor allem, sich fehlerhafte Arbeitsgänge anzueignen. Daher ist das Programm für den genannten Leserkreis eine wertvolle Unterstützung.

1. Vorbereitungen

1.1. Mengenlehre und logische Symbole

Die Grundbegriffe der Mengenlehre seien hier als bekannt vorausgesetzt. Wichtig für das folgende ist aber insbesondere der Abbildungsbegriff: f heißt eine Abbildung einer Menge A in eine Menge B, wenn jedem Element x aus A eindeutig ein Element f(x) aus B zugeordnet ist. Eine solche Abbildung heißt injektiv, wenn je zwei verschiedene Urbilder auch verschiedene Bilder besitzen. Eine Abbildung heißt surjektiv, wenn jedes Element der Bildmenge auch als Bild auftritt. Ist eine Abbildung injektiv und surjektiv, so nennt man sie bijektiv. I.a. ist eine Abbildung jedoch nicht injektiv und nicht surjektiv. Diejenigen Elemente der Bildmenge, die nicht als Bilder auftreten, sollen kurz Nicht-Bilder heißen. In diesem Aufsatz sollen Abbildungen in zwei Zeilen geschrieben werden, z.B.:

$$f: \begin{matrix} \text{IR} & \to & \text{IR} \\ x & \to & x^3 + 2x \end{matrix}$$

Dabei gibt die erste Zeile die Mengen an, deren Elemente aufeinander bezogen werden, der zweiten Zeile dagegen kann man die Zuordnungsvorschrift entnehmen.

Schließlich soll eine Verknüpfung, etwa gekennzeichnet durch $\circ$, eine Abbildung folgender Art sein (A, B, C irgendwelche Mengen):

$$\circ: \begin{matrix} A \times B & \to & C \\ (a, b) & \to & a \circ b \end{matrix}$$

Die Verknüpfung heißt Verknüpfung auf A, wenn A = B ist.

Beispiel:

$$+: \begin{matrix} \text{IR} \times \text{IR} & \to & \text{IR} \\ (x, y) & \to & x + y \end{matrix}$$

Zur Verwendung der logischen Symbole siehe etwa: Freudenthal: Logik als Gegenstand und als Methode (MU 13/5, Seite 7) oder [4]. Hier sollen nur die in diesem Aufsatz verwandten Abkürzungen zusammengestellt werden:

$$\bigwedge_{x \in A} \qquad : \text{Für alle } x \in A$$

$$\bigvee_{x \in A} \qquad : \text{Es gibt (mindestens) ein } x \in A$$

$$\dots \Rightarrow \dots \qquad : \text{Wenn \dots, dann \dots}$$

$$\dots \Leftrightarrow \dots \qquad : \dots \text{genau dann, wenn \dots}$$

$$\neg \qquad : \text{nicht}; \quad \wedge: \text{und}; \quad \vee: \text{oder}$$

Um die Formulierung der Sätze nicht zu schwerfällig zu gestalten, soll der Allquantor weggelassen werden, wenn er allein am Anfang steht und wenn klar ist, aus welcher Menge die Variable x gewählt werden muß. Im übrigen sollen auch einfache Voraussetzungen weggelassen werden, wenn sie sich aus dem Zusammenhang ergeben.

1.2. Definitionen von Gruppe, Körper und Vektorraum

Definition 1.1: Es sei A eine Menge und $\circ$ eine Verknüpfung auf A.

$(A, \circ)$ heißt ein *Verknüpfungsgebilde* $\iff \bigwedge\limits_{a,\,b\,\in\,A} a \circ b \in A$

Definition 1.2:

$(A, \circ)$ heißt *Gruppe* $\iff$

1. $(A, \circ)$ ist ein Verknüpfungsgebilde

2a) $\bigwedge\limits_{a,b,c\,\in\,A} a \circ (b \circ c) = (a \circ b) \circ c$

b) $\bigvee\limits_{n\,\in\,A} \bigwedge\limits_{a\,\in\,A} a \circ n = n \circ a = a$

c) $\bigwedge\limits_{a\,\in\,A} \bigvee\limits_{i(a)\,\in\,A} a \circ i(a) = i(a) \circ a = n$

Anstelle von $i(a)$ schreibt man auch kurz $-a$.

Definition 1.3:

$(A, \circ)$ heißt *kommutative Gruppe* $\iff$ 1, 2a, b, c gilt (siehe Definition 1.2.2)

2d) $\bigwedge\limits_{a,\,b\,\in\,A} a \circ b = b \circ a$

Definition 1.4:

$(A: \oplus \,; \odot)$ heißt *Körper* $\iff$

I) $(A, \oplus)$ ist eine kommutative Gruppe

II) $(A^*, \odot)$ ist eine kommutative Gruppe

III) $\bigwedge\limits_{a,\,b,\,c\,\in\,A} (a \oplus b) \odot c = a \odot c \oplus b \odot c$

Dabei ist $A^* = A \setminus \{n\}$, wobei n neutrales Element von $(A, \oplus)$ ist. Im folgenden wird nur der Körper der reellen Zahlen benötigt.

Definition 1.5:

$(V; \oplus; \circ)$ heißt (reeller) *Vektorraum* $\iff$

I) $(V; \oplus)$ ist eine kommutative Gruppe

II) 1. $\circ$ ist eine Verknüpfung der folgenden Art:

$$\circ: \begin{array}{l} \mathbb{R} \times V \to V \\ (r, \vec{a}) \to r \circ \vec{a} \end{array},$$

für die gilt:

2a) $\bigwedge\limits_{\substack{r\,\in\,\mathbb{R} \\ \vec{a},\,\vec{b}\,\in\,V}} r \circ (\vec{a} \oplus \vec{b}) = r \circ \vec{a} \oplus r \circ \vec{b}$

Forts. →

Definition 1.5
(Fortsetzung)

$$\text{b) } \bigwedge_{\substack{r, s \in \mathbb{R} \\ \vec{a} \in V}} (r + s) \circ \vec{a} = r \circ \vec{a} \oplus s \circ \vec{a}$$

$$\text{c) } \bigwedge_{\substack{r, s \in \mathbb{R} \\ \vec{a} \in V}} r \circ (s \circ \vec{a}) = (rs) \circ \vec{a}$$

$$\text{d) } \bigwedge_{\vec{a} \in V} 1 \circ \vec{a} = \vec{a}$$

Einfache Sätze über Gruppen und Vektorräume sollen in diesem Aufsatz vorausgesetzt werden. Bei der Behandlung der linearen Abbildungen sind die folgenden Vektorräume benutzt worden:

1. V_1, V_2, V_3 = Menge der geometrischen Vektoren auf der (eindimensionalen) Geraden, in der (zweidimensionalen) Ebene bzw. im (dreidimensionalen) Raum. Addition und Multiplikation sind wie üblich erklärt. Das neutrale Element der Addition, der „Nullvektor", wird mit $\vec{o}$ bezeichnet.

2. $(\mathbb{R}; +; \cdot)$ bildet einen Vektorraum. Das neutrale Element der Addition ist 0. Der Punkt als Zeichen für die Multiplikation wird meist weggelassen.

3. $(\mathbb{R}^n; \oplus; \circ)$ ist mit folgenden Definitionen ein Vektorraum:

   $\mathbb{R}^n = \{(a_1, a_2, ..., a_n) \mid a_\nu \in \mathbb{R}\}$

   Addition: $(a_1, a_2, ..., a_n) \oplus (b_1, b_2, ..., b_n) = (a_1 + b_1, ..., a_n + b_n)$

   Multiplikation: $r \circ (a_1, a_2, ..., a_n) = (ra_1, ra_2, ..., ra_n)$.

4. F_k = Menge aller konvergenten reellen Zahlenfolgen,

   Addition wie in 3: $\langle a_n \rangle \oplus \langle b_n \rangle = \langle a_n + b_n \rangle$,

   Multiplikation wie in 3: $r \circ \langle a_n \rangle = \langle r a_n \rangle$.

5. $\mathbb{F}$ = Menge aller reellen Funktionen,

   Addition: $(f \oplus g)(x) = f(x) + g(x)$,

   Multiplikation: $(r \circ f)(x) = rf(x)$.

   Das neutrale Element der Addition wird hier mit o bezeichnet.

6. $\mathbb{F}_S$ = Menge aller stetigen Funktionen aus $\mathbb{F}$.

   $\oplus$; $\circ$ wie in 5.

7. $\mathbb{F}_D$ = Menge aller differenzierbaren Funktionen aus $\mathbb{F}$.

   $\oplus$, $\circ$ wie in 5.

8. $\mathbb{R}[x] = \{f \mid f(x) = a_n x^n + a_{n-1} x^{n-1} + ... + a_1 x + a_0; a_\nu \in \mathbb{R}\}$

   $\oplus$, $\circ$ wie in 5.

9. $\mathbb{F}_T = \{a \circ \sin \oplus b \circ \cos \mid a, b \in \mathbb{R}\}$
   $= \{f \mid f(x) = a \cdot \sin x + b \cdot \cos x; a, b \in \mathbb{R}\}$
   $= \{f \mid f(x) = A \cdot \sin (x + x_0); A, x_0 \in \mathbb{R}\}$

   $\oplus$, $\circ$ wie in Beispiel 5.

Wie arbeitet ein Computer?

von Helmut Dahncke, Gerd Harbeck, Karl-Heinrich Jäschke, Jürgen Küster, Bernd Reimers und Gert Starke

Die allgemeinbildenden Schulen müssen heute den jungen Menschen mit der Arbeitsweise und den Anwendungsmöglichkeiten von Computern vertraut machen. Der Unterricht sollte dabei folgende Tatsachen vermitteln:

- Logische Operationen lassen sich mit geeigneten elektronischen Bausteinen automatisch ausführen.
- Rechnerische Operationen lassen sich auf logische Operationen zurückführen und deshalb ebenfalls mit elektronischen Bausteinen automatisch ausführen.
- Der Ablauf größerer Komplexe von logischen oder rechnerischen Operationen kann durch Programme gesteuert werden.

Nur bei Kenntnis dieser Sachverhalte können die Einsatzmöglichkeiten von Computern sachlich beurteilt und ausgeschöpft werden.

Jedem der drei oben angeführten Punkte ist ein Band gewidmet. Alle drei Bände sind so aufgebaut, daß sie auch unabhängig voneinander benutzt werden können. Reichhaltiges Übungsmaterial, viele Aufgaben und sorgfältige Experimentieranleitungen machen die Bände zu lernintensiven Arbeitsbüchern.

- **Band 1 Logikschaltungen**

  Inhalt: Grundbegriffe der Aussagenlogik — Computer mit elektrischen Schaltern — Computer mit elektronischen Gattern — Logische Folgerungen und ihre experimentelle Überprüfung — Lösung praktischer Probleme mit logischen Schaltungen

  VIII, 203 Seiten mit 151 Abb. kartoniert
  19,80 DM   Best.-Nr. 8287

- **Band 2 Rechenwerke**

  Inhalt: Dualzahlen — Zahlenspeicher und Zählwerk — Paralleladdierwerk — Serienaddierwerk — Multiplizierwerk — Programmsteuerung.

  VIII, 150 Seiten mit 151 Abb. kartoniert
  16,80 DM   Best.-Nr. 8316

- **Band 3 Programmsteuerung**

  Inhalt: Steuerschaltungen — Programmsteuerung mit einfachen Befehlen — Befehle und Adreßteil — Steuerung des Rechenwerkes — Lineare Programme — Verzweigte Programme

  VIII, 168 Seiten mit 117 Abb. kartoniert
  19,80 DM   Best.-Nr. 8326

Boolesche Algebra und Computer

Ein Informatik-Kurs

von Gerd Harbeck, Karl-Heinrich Jäschke, Jürgen Küster, Bernd Reimers und Gert Starke
IV, 102 Seiten mit 119 Abb., kartoniert, 7,80 DM   Best.-Nr. 801

Inhalt: **Modelle der Booleschen Algebra:** Aussageformen — Logische Verknüpfungen — Erstes Modell: Aussagenalgebra — Zweites Modell: Schaltalgebra — Terme und ihre Verknüpfungen — Gesetze der Booleschen Algebra — Dualität der Gesetze — Adjunktive Normalform — Anwendungen

Aufbau eines einfachen Computers: Addition von Dualzahlen — Halbaddierer und Volladdierer — Planung eines Serienaddierwerks — Schieberegister — Aufbau eines Serienaddierwerks — Steuerung eines Rechenablaufs — Steuerung durch Befehle — Programmgesteuerter Rechner — Anhang: Dualzahlen; Axiome der Booleschen Algebra.

Diese Bücher sollten Sie kennen!

2. Lineare Abbildungen

2.1. Definition der linearen Abbildung

Bei der Behandlung des Rechenschiebers in Zusammenhang mit den trigonometischen Funktionen möchten die Schüler gern die Funktionswerte für kleine Winkel auf folgende Weise ablesen:

Sucht man z. B. $\sin 3°$, so lese man $\sin 87°$ ab und ziehe diesen Wert von 1 ab.

Oder: Sucht man $\tan 3°$, so lese man $\tan 30°$ ab und teile diesen Wert durch 10.

Beide Fehler zeigen, wie sehr die Schüler bereits mit den linearen Strukturen vertraut sind, ohne sie bewußt zu kennen. Diese Fehler kann man nun aber zum Anlaß nehmen, die Definition der linearen Abbildung zu erarbeiten. Zunächst wird versucht, die als falsch erkannten Beziehungen zu formulieren:

1. $\sin 3° = 1 - \sin 87°$ und 2. $\tan 3° = \frac{\tan 30°}{10}$

oder: 1. $\sin 3° + \sin 87° = \sin 90°$ und 2. $10 \cdot \tan 3° = \tan 30°$.

Die Verallgemeinerung dieser Beziehungen bei gleichzeitigem Übergang zu IR als Urbildmenge lautet dann:

1. $\bigwedge\limits_{x,y \,\in\, \mathrm{IR}} \sin x + \sin y = \sin (x + y)$

2. $\bigwedge\limits_{x,y \,\in\, \mathrm{IR}} \tan (xy) = x \cdot \tan y$

Beide Beziehungen werden leicht durch Gegenbeispiele widerlegt. Andererseits erkennt man jedoch, daß Funktionen, die Bedingungen erfüllen, die 1. und 2. entsprechen, recht einfach zu behandeln sind, und es sich also lohnen könnte, solche Funktionen näher zu untersuchen. Wir wollen diese Funktionen lineare Funktionen nennen (daß dieser Begriff mit dem in den Lehrbüchern eingeführten Begriff der linearen Funktion nicht übereinstimmt, stört nicht weiter, wenn man letzteren den Namen „Funktionen 1. Grades" gibt) und definieren:

Definition 2.1:

f heißt *lineare Funktion* $\Longleftrightarrow$
1. $\bigwedge\limits_{x,y \,\in\, \mathrm{IR}} f(x + y) = f(x) + f(y)$
2. $\bigwedge\limits_{x,y \,\in\, \mathrm{IR}} f(xy) = x \cdot f(y)$

Natürlich fällt den Schülern die Asymmetrie der beiden Bedingungen auf, und sie schlagen Änderungen vor (z. B. $f(x \cdot y) = f(x) \cdot f(y)$ oder $f(x + y) = x + f(y)$). Man erhält auf diese Weise vier verschiedene Typen von Funktionen, deren Untersuchung mehr oder weniger schwer ist. An dieser Stelle zeigt sich bereits, daß Schüler bei einem solchen Lehrgang produktiv in den Aufbau der Theorie eingreifen können.

Bei der Suche nach linearen Funktionen fällt auf, daß es nur „wenige" solche Funktionen gibt: Ihre Funktionsgleichungen sind alle vom Typ $f(x) = mx$. Diese Vermutung muß nun aber erst noch nachgewiesen werden. Als einfache Eigenschaft aller linearen Funktionen erkennen die Schüler sofort:

> **Satz 2.1:** f lineare Funktion $\Rightarrow$ f(0) = 0

Beweis 1. (Unter Ausnutzung der ersten Eigenschaft (Definition 2.1))

$$f(0) = f(0 + 0) = f(0) + f(0) \Rightarrow 0 = f(0)$$

2. (Unter Ausnutzung der zweiten Eigenschaft (Definition 2.1))

$$f(0) = f(0 \cdot 1) = 0 \cdot f(1) = 0 \qquad \blacklozenge$$

Der zweite Beweis bringt die Schüler auf folgende Bestätigung der obigen Vermutung:

> **Satz 2.2:** f lineare Funktion $\iff$ f(x) = x $\cdot$ f(1)

Beweis: „$\Rightarrow$" (Unter Ausnutzung der zweiten Eigenschaft (Definition 2.1)):

$$f(x) = f(x \cdot 1) = x \cdot f(1)$$
$$\text{„}{\Leftarrow}\text{"} \quad f(x + y) = (x + y) \cdot f(1) = x \cdot f(1) + y \cdot f(1) = f(x) + f(y)$$
$$f(x \cdot y) = (x \cdot y) \cdot f(1) = x \cdot (y \cdot f(1)) = x \cdot f(y) \qquad \blacklozenge$$

Man erhält also als anschauliches Ergebnis: Die Graphen aller linearen Funktionen sind Geraden durch den Nullpunkt.

Von den linearen Funktionen gelangt man nun aber leicht zu den linearen Abbildungen: Statt reeller Funktionen betrachtet man Abbildungen zwischen Vektorräumen:

> **Definition 2.2:** Es seien $(V; \oplus_1; \circ_1)$ und $(W; \oplus_2; \circ_2)$ zwei Vektorräume.
>
> Dann wird vereinbart:
>
> $$\varphi: \begin{array}{ccc} V & \to & W \\ \vec{a} & \to & \varphi(\vec{a}) \end{array} \quad \text{heißt } \textit{lineare Abbildung}$$
>
> $$\Updownarrow$$
>
> $$(1) \quad \bigwedge_{\vec{a_1}, \vec{a_2} \in V} \varphi(\vec{a_1} \oplus_1 \vec{a_2}) = \varphi(\vec{a_1}) \oplus_2 \varphi(\vec{a_2})$$
>
> $$(2) \quad \bigwedge_{\substack{r \in \mathbb{R} \\ \vec{a} \in V}} \varphi(r \circ_1 \vec{a}) = r \circ_2 \varphi(\vec{a})$$

Der Satz 2.1 läßt sich nun zusammen mit seinem Beweis übertragen.

> **Satz 2.3:** φ lineare Abbildung $\Rightarrow$ $\varphi(\vec{o}) = \vec{o}$

Satz 2.2 dagegen ist nicht ohne weiteres verallgemeinerungsfähig:

Es gibt ja i.a. keinen Vektor, der die Rolle der 1 in $\mathbb{R}$ übernehmen könnte.

Weiter läßt sich zeigen:

> **Satz 2.4:** φ lineare Abbildung $\Rightarrow \varphi(-\vec{a}) = -\varphi(\vec{a})$

Beweis: (Unter Ausnutzung der zweiten Eigenschaft (Definition 2.1)):

$$\varphi(-\vec{a}) = \varphi((-1) \circ \vec{a}) = (-1) \circ \varphi(\vec{a}) = -\varphi(\vec{a}) \qquad \blacklozenge$$

Auch hier kann wieder ein zweiter Beweis mit Hilfe der ersten Eigenschaft (Definition 2.2) geführt werden.

Es folgt leicht:

> **Satz 2.5:** φ lineare Abbildung $\Rightarrow \varphi(\vec{a}_1 \ominus \vec{a}_2) = \varphi(\vec{a}_1) \ominus \varphi(\vec{a}_2)$

Beweis: $\varphi(\vec{a}_1 \ominus \vec{a}_2) = \varphi(\vec{a}_1 \oplus (-1) \circ \vec{a}_2) = \varphi(\vec{a}_1) \oplus (-1) \circ \varphi(\vec{a}_2) = \varphi(\vec{a}_1) \ominus \varphi(\vec{a}_2) \qquad \blacklozenge$

2.2. Beispiele für lineare Abbildungen

1. $\varphi_1: \begin{array}{c} \mathbb{V}_2 \to \mathbb{R} \\ \vec{a} \to \vec{n} \cdot \vec{a} \end{array} \qquad \vec{n} \neq \vec{o}$

   Beweis der Linearität:

   (1) $\quad \varphi(\vec{a}_1 \oplus \vec{a}_2) = \vec{n} \cdot (\vec{a}_1 \oplus \vec{a}_2) = \vec{n} \cdot \vec{a}_1 + \vec{n} \cdot \vec{a}_2 = \varphi(\vec{a}_1) + \varphi(\vec{a}_2)$

   (2) $\qquad \varphi(r \circ \vec{a}) = \vec{n} \cdot (r \circ \vec{a}) = r(\vec{n} \cdot \vec{a}) = r\varphi(\vec{a})$

2. $\varphi_2: \begin{array}{c} \mathbb{V}_3 \to \mathbb{V}_3 \\ \vec{a} \to \vec{n} \times \vec{a} \end{array}, \vec{n} \neq \vec{o}$. Beweis der Linearität wie oben.

3. $\varphi_3 = d: \begin{array}{c} \mathbb{R}[x] \to \mathbb{R}[x] \\ f \to f' \end{array}$

   Beweis der Linearität: (1) $d(f \oplus g) = (f \oplus g)' = f' \oplus g' = d(f) \oplus d(g)$.

   Diese Gleichung besagt: Die Ableitung einer Summe ist die Summe der Einzelableitungen.

   (2) $d(r \circ f) = (r \circ f)' = r \circ f' = r \circ d(f)$

   Ein konstanter Faktor „bleibt erhalten".

4. $\varphi_4: \begin{array}{c} \mathbb{R}[x] \to \mathbb{R} \\ f \to f(a) \end{array}$

   Beweis der Linearität:

   (1) $\quad \varphi_4(f \oplus g) = (f \oplus g)(a) = f(a) + g(a) = \varphi_4(f) + \varphi_4(g)$

   (2) $\quad \varphi_4(r \circ f) = (r \circ f)(a) = rf(a) = \varphi_4(f)$

5. $\varphi_5 = \Pi_{xy}$: $\begin{array}{ccc} \mathbb{R}^3 & \to & \mathbb{R}^3 \\ (x;y;z) & \to & (x;y;0) \end{array}$

Beweis der Linearität:

(1) $\Pi_{xy}((x_1;y_1;z_1) \oplus (x_2;y_2;z_2)) = (x_1 + x_2; y_1 + y_2; 0) =$
$= (x_1;y_1;0) \oplus (x_2;y_2;0) = \Pi_{xy}(x_1;y_1;z_1) \oplus \Pi_{xy}(x_2;y_2;z_2)$

(2) $\Pi_{xy}(r \circ (x;y;z)) = (rx;ry;0) = r \circ (x;y;0) = r \circ (x;y;z)$

Identifiziert man, $\mathbb{R}^3$ mit W_3, so stellt Π_{xy} gerade die Projektion des gesamten Raumes auf die xy-Ebene parallel zur z-Achse dar.

6. φ_6: $\begin{array}{ccc} \mathbb{R}^2 & \to & \mathbb{R}^2 \\ (x;y) & \to & (-y;x) \end{array}$

Beweis der Linearität wie in Beispiel 5. Nach entsprechender Identifikation stellt φ_6 eine Drehung um 0 mit $90°$ dar.

7. φ_7: $\begin{array}{ccc} \mathbb{F}_T & \to & \mathbb{R}^2 \\ a \circ \sin \oplus b \circ \cos & \to & (a;b) \end{array}$

Der Beweis der Linearität dieser Abbildung ist sofort zu übersehen. φ_7 ist von besonderer Bedeutung für die Physik: Sie bildet den Hintergrund für das Wechselstrom-Zeigerdiagramm (siehe auch Kirsch: MU 12 Heft 2 S. 90 ff. oder [4]). Man ordne dem „Wechselstrom" $I = I_0 \sin(\alpha_0 + \omega t)$ den Vektor $(I_0 \cos \alpha_0; I_0 \sin \alpha_0)$ zu. Diese Abbildung ist bijektiv und linear, weshalb man statt der Addition von zwei Wechselströmen auch die dazugehörenden Vektoren addieren kann, um anschließend durch die Umkehrung von φ_7 die Summe der Wechselströme zu erhalten.

8. $\varphi_8 = \lim$: $\begin{array}{ccc} \mathbb{F} & \to & \mathbb{R} \\ \langle a_n \rangle & \to & \lim \langle a_n \rangle \end{array}$

Beweis der Linearität:

(1) $\lim (\langle a_n \rangle \oplus \langle b_n \rangle) = \lim \langle a_n + b_n \rangle = \lim \langle a_n \rangle + \lim \langle b_n \rangle$.

Der Grenzwert einer Summe von Folgen ist gleich der Summe der Grenzwerte der Folgen.

(2) $\lim (r \circ \langle a_n \rangle) = \lim \langle r a_n \rangle = r \lim \langle a_n \rangle$

Ein konstanter Faktor „bleibt erhalten".

9. φ_9: $\begin{array}{ccc} W_3 & \to & W_3 \\ \vec{a} & \to & r \circ \vec{a} \end{array}$ $\quad r \in \mathbb{R}$

Diese Abbildung entspricht ganz den linearen Funktionen.

Neben diesen Beispielen für lineare Abbildungen gibt es natürlich noch viel mehr Beispiele für nichtlineare Abbildungen, von denen zwei angegeben seien:

10. φ_{10}: $\begin{array}{ccc} \mathbb{W}_3 & \to & \mathbb{W}_3 \\ \vec{a} & \to & \vec{a} \oplus \vec{v} \end{array}$ ist nur linear, falls $\vec{v} = \vec{o}$ ist.

11. φ_{11}: sin: $\begin{array}{ccc} \mathbb{R} & \to & \mathbb{R} \\ x & \to & \sin x \end{array}$ ist keine lineare Abbildung.

3. Umkehrungen linearer Abbildungen

3.1. Fasern

Bei einer Abbildung φ: $V \to W$ gibt es für die Urbilder eines Elementes $\vec{b} \in W$ drei Möglichkeiten: 1. mehrere Urbilder, 2. genau ein Urbild und 3. gar kein Urbild. Nur bei bijektiven Abbildungen findet man zu jedem Element aus W genau ein Urbild, d. h. nur bijektive Abbildungen lassen sich sofort ohne Schwieirigkeiten umkehren. Bei allen anderen Abbildungen sind vorher Änderungen oder aber Ersatzlösungen nötig. Betrachtet man z. B. die Abbildung Π_{xy}, so erhält man als Urbilder zu einem bestimmten Bildvektor alle Vektoren, deren Spitze über der Spitze des Bildvektors liegen. Faßt man nun alle Urbilder eines Bildes jeweils zu einer Menge zusammen und sieht den Raum als Menge aller dieser Mengen an, so erscheint der Raum „gefasert". Von hier aus gelangt man zu folgendem Begriff:

Definition 3.1:

Es sei φ: $\begin{array}{ccc} V & \to & W \\ \vec{a} & \to & \varphi(\vec{a}) \end{array}$ eine lineare Abbildung.

Dann heißt

$\hat{\varphi}(\vec{b}) = \{\vec{a} \mid \varphi(\vec{a}) = \vec{b}\}$ die *Faser* von $\vec{b}$ bzgl. φ.

Im abstrakten Mengendiagramm kann man die Fasern folgendermaßen darstellen:

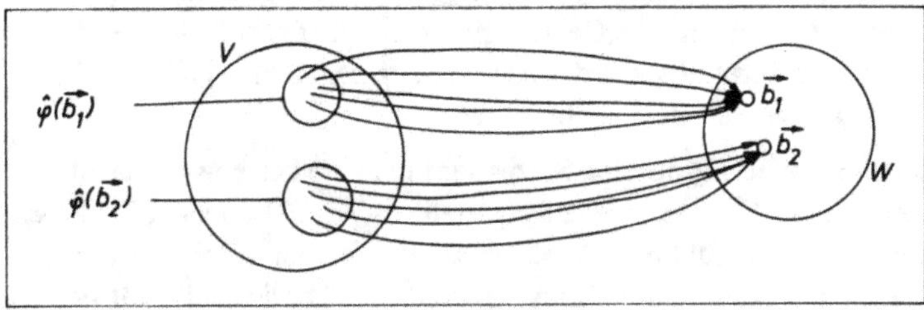

Um eine Verwirrung bei den Schülern zu vermeiden, ist es gut, $\hat{\varphi}$ sofort wieder als Abbildung zu charakterisieren: Sie ordnet jedem Element der Bildmenge eine Teilmenge der Urbildmenge zu. Bezeichnet man die Potenzmenge von V (Menge aller Teilmengen von V) mit $\mathcal{P}(V)$, so ergibt sich:

$$\hat{\varphi}: \begin{array}{ccc} W & \to & \mathcal{P}(V) \\ \vec{b} & \to & \hat{\varphi}(\vec{b}) \end{array}$$

Zur Verdeutlichung sei noch folgender Satz notiert:

$$\boxed{\textbf{Satz 3.1:}\ \hat{\varphi}(\vec{b}) \subseteq V}$$

Weitere Beispiele:

1. $\varphi_1:\ \begin{array}{ccc} \mathbb{V}_2 & \to & \mathbb{R} \\ \vec{a} & \to & (1;1)\cdot\vec{a} \end{array}$

$$\hat{\varphi}_1(3) = \{(x;y)\,|\,(1;1)\cdot(x;y) = 3\} = \{(x;y)\,|\,x + y = 3\}$$
$$= \{..., (1,2), ..., (1\tfrac{1}{2}; 1\tfrac{1}{2}), ...\}$$

$\hat{\varphi}_1(3)$ stellt also die Menge von Vektoren dar, deren Zielpunkte auf einer Geraden liegen.

2. $\varphi_2:\ \begin{array}{ccc} \mathbb{V}_3 & \to & \mathbb{V}_3 \\ \vec{a} & \to & (1;0;0)\times\vec{a} \end{array}$

$\hat{\varphi}_2(0;1;0)$ stellt wieder eine Menge von Vektoren dar, deren Zielpunkte auf einer Geraden (im Raum) liegen.

Diese drei Beispiele zeigen schon, wie durch die Mengen der Urbilder der einzelnen Bilder der Raum gefasert wird; alle Fasern liegen parallel, d. h. verschiedene Fasern haben keine Elemente gemeinsam, ein Sachverhalt, der weiter unten als Satz formuliert und bewiesen wird. Obwohl im Unterricht bewußt auf eine Präzisierung des Begriffs „parallel" verzichtet wurde, wurde er von den Schülern auch auf nichtgeometrische Beispiele übertragen: $\widehat{\lim}(3)$ (Menge der „3-Folgen") wurde von ihnen „parallel zu $\widehat{\lim}(4)$" (Menge der „4-Folgen") genannt. Eine solche Übertragung geometrisch-anschaulicher Begriffe auf nicht-geometrische Gegenstände ist für Schüler faszinierend, wenn sie einmal eine anfängliche Scheu dazu überweunden haben. Auch zeigt sich bereits hier das allgemeine Verfahren, das im folgenden immer wieder angewandt wird: Man läßt sich beim Aufstellen von Definitionen und Sätzen zunächst von der geometrischen Anschauung leiten und versucht dann die Formulierung so allgemein zu halten, daß sie auch auf abstrakte Vektorräume übertragbar ist. Gerade die abstrakten Gebilde sind dann aber für die Schüler ein Motiv, exakt zu definieren und Sätze, die von der Anschauung her so klar sind, daß ihr Beweis gar nicht mehr nötig erscheint, doch zu beweisen.

Zur Formulierung des bereits oben vermuteten Satzes geht man am besten von einem weiteren Beispiel aus, etwa φ_1. Es wurde bereits festgestellt daß $\hat{\varphi}_1(3)$ und $\hat{\varphi}_1(5)$ Mengen von Vektoren darstellen, deren Zielpunkte auf zwei verschiedenen parallelen Geraden liegen, d. h. $\hat{\varphi}_1(3) \cap \hat{\varphi}_1(5) = \emptyset$. Der Grund hierfür ist wohl $3 \neq 5$. Allgemein läßt sich beweisen:

$$\boxed{\textbf{Satz 3.2:}\ \vec{b_1} \neq \vec{b_2} \ \Rightarrow\ \hat{\varphi}(\vec{b_1}) \cap \hat{\varphi}(\vec{b_2}) = \emptyset}$$

Beweis durch Kontraposition: Zu zeigen ist dann:

$$\hat{\varphi}(\vec{b_1}) \cap \hat{\varphi}(\vec{b_2}) \neq \emptyset \ \Rightarrow\ \vec{b_1} = \vec{b_2}$$

An dieser Stelle wurde ausführlicher, als hier dargestellt, auf das Beweisverfahren durch Kontraposition eingegangen.

Es gibt ja dazu eine Fülle einfacher Beispiele aus dem Stoff der Unterstufe (Teilbarkeit) und aus dem täglichen Leben. Für einige Schüler war die Kontraposition eine Entdeckung, die sie derart reizte, daß sie sie von nun an bei fast allen Beweisen anwenden wollten, auch dann, wenn der direkte Beweis möglich war.

Nach diesen Vorbetrachtungen ist jetzt aber der obige Beweis einfach:

$$\boxed{\hat{\varphi}(\vec{b_1}) \cap \hat{\varphi}(\vec{b_2}) \neq \emptyset}$$

$$\Downarrow$$

$$\boxed{\bigvee_{\vec{a} \in V} [\vec{a} \in \hat{\varphi}(\vec{b_1}) \wedge \vec{a} \in \hat{\varphi}(\vec{b_2})]}$$

$$\Downarrow \quad \text{Definition von } \hat{\varphi}$$

$$\boxed{\bigvee_{\vec{a} \in V} [\varphi(\vec{a}) = \vec{b_1} \wedge \varphi(\vec{a}) = \vec{b_2}]}$$

$$\Downarrow \quad \text{Eindeutigkeit von } \varphi$$

$$\boxed{\vec{b_1} = \vec{b_2}} \qquad \blacklozenge$$

Die Schüler „erkannten" auch, daß sich in Satz 3.2 der Pfeil umkehren läßt, so daß über diesen Satz hinaus noch folgender Satz gilt:

$$\boxed{\textbf{Satz 3.3: } \vec{b_1} \neq \vec{b_2} \iff \hat{\varphi}(\vec{b_1}) \cap \hat{\varphi}(\vec{b_2}) = \emptyset}$$

Daß nun allerdings dieser letzte Satz, so formuliert, falsch ist, wurde von den Schülern nicht gemerkt und auch vom Lehrer bewußt übergangen. Später entdeckten die Schüler bei einem anderen Satz einen ähnlichen Fehler, so daß auch dieser Satz verbessert werden könnte: Der Pfeil von rechts nach links gilt natürlich nur, falls $\vec{b_1}$ und $\vec{b_2}$ Elemente von $\text{Im}(\varphi)$ sind, d. h. mindestens ein Urbild haben. ($\text{Im}(\varphi)$ = Menge aller Bilder von φ).

Eine spezielle Faser soll nun ausgezeichnet werden.

$$\boxed{\textbf{Definition 3.2: } \hat{\varphi}(\vec{o}) = \{\vec{a} \mid \varphi(\vec{a}) = \vec{o}\} = \text{Kern } (\varphi)}$$

Das Motiv für die Hervorhebung der Menge $\hat{\varphi}(\vec{o})$ ist für die Schüler bislang nur die ausgezeichnete Stellung des neutralen Elementes in einer Gruppe. Erst später können sie vollständig die Rolle erkennen, die der Kern in der Menge der Fasern spielt.

Auch „Kern" ist wieder eine Abbildung: Er ordnet jeder linearen Abbildung φ die Menge $\hat{\varphi}(\vec{o})$ zu.

Wegen der Bedeutung des Kernes, die dieser im folgenden spielt, sollen hier von allen in 2.2 angegebenen Beispielen die Kerne aufgeführt werden:

1. Kern (φ_1) = Menge aller Vektoren, die auf $\vec{n}$ senkrecht stehen.
2. Kern (φ_2) = Menge aller Vektoren, die zu $\vec{n}$ parallel liegen.
3. Kern (φ_3) = Kern(d) = Menge aller konstanten Funktionen.
4. Kern (φ_4) = Menge aller Funktionen f mit f(a) = 0.
5. Kern (φ_5) = Kern (Π_{xy}) = Menge aller Vektoren, die auf der z-Achse liegen.
6. Kern (φ_6) = $\{\vec{o}\}$
7. Kern (φ_7) = $\{\vec{o}\}$
8. Kern (φ_8) = Kern (lim) = Menge aller Nullfolgen
9. Kern (φ_9) = $\{\vec{o}\}$

3.2. Weitere Sätze über Fasern

An Hand der Beispiele können nun die Schüler einiges entdecken: Die Frage, ob der Kern jemals leer sein kann, was ja bei Fasern eintreten kann, läßt sich leicht beantworten: Man bemerkt, daß in jedem Kern der Nullvektor enthalten ist:

$$\boxed{\textbf{Satz 3.4: } \vec{o} \in \text{Kern } (\varphi)}$$

Beweis: $\varphi(\vec{o}) = \vec{o} \Rightarrow \vec{o} \in \hat{\varphi}(\vec{o})$ ◆

Nun kommt es auch vor, daß der Kern nur aus dem Nullvektor besteht (Beispiele 6, 7, 9). Die dazugehörigen Abbildungen sind injektiv. So läßt sich vermuten:

$$\boxed{\textbf{Satz 3.5: } \text{Kern } (\varphi) = \{\vec{o}\} \iff \varphi \text{ injektiv}}$$

Der Beweis wird in zwei Teilen geführt. Er soll als Muster ausführlich beschrieben werden:

1. „$\Rightarrow$" Kontraposition: Es ist also zu zeigen:

„φ nicht injektiv $\Rightarrow$ Kern $(\varphi) \neq \{\vec{o}\}$"

$$\varphi \text{ nicht injektiv} \Rightarrow \bigvee_{\substack{\vec{a}_1, \vec{a}_2 \in V \\ \vec{a}_1 \neq \vec{a}_2}} \varphi(\vec{a}_1) = \varphi(\vec{a}_2)$$

Bis hierher konnten die Schüler die Schritte selbst durch führen. Nun allerdings mußte die schon umgeformte Voraussetzung mit dem Ziel in Zusammenhang gebracht werden: Es wurde die Behauptung umgeformt. Da $\vec{o}$ auf jeden Fall ein Element des Kernes ist, mußte ein von $\vec{o}$ verschiedenes Urbild gesucht werden, das ebenfalls zum Kern gehört. Um diesen Vektor zu finden, waren bereits zwei Vektoren $\vec{a}_1$ und $\vec{a}_2$ angegeben worden: Sie konnte man benutzen. Nachdem die Beweislücke so scharf eingekreist war, fanden die Schüler von selbst: $\vec{a}_1 \ominus \vec{a}_2$ leistet das Verlangte, denn

$$\varphi(\vec{a}_1 \ominus \vec{a}_2) = \varphi(\vec{a}_1) \ominus \varphi(\vec{a}_2) = \vec{o} \Rightarrow \vec{a}_1 \ominus \vec{a}_2 \in \text{Kern } (\varphi),$$

obwohl $\vec{a}_1 \ominus \vec{a}_2 \neq \vec{o}$, da ja $\vec{a}_1 \neq \vec{a}_2$ war.

Übersichtlich zusammengefaßt ergibt sich dann:

$$\boxed{\varphi \text{ nicht injektiv}}$$

$$\Downarrow$$

$$\boxed{\bigvee_{\vec{a}_1, \vec{a}_2 \in V} [\vec{a}_1 \neq \vec{a}_2 \wedge \varphi(\vec{a}_1) = \varphi(\vec{a}_2)]}$$

$$\Downarrow$$

$$\boxed{\bigvee_{\vec{a}_1, \vec{a}_2 \in V} [\vec{a}_1 \neq \vec{a}_2 \wedge \varphi(\vec{a}_1 \ominus \vec{a}_2) = \varphi(\vec{a}_1) \ominus \varphi(\vec{a}_2) = \vec{o}]}$$

$$\Downarrow$$

$$\boxed{\bigvee_{\vec{a}_1, \vec{a}_2 \in V} [\vec{a}_1 \ominus \vec{a}_2 \neq \vec{o} \wedge \vec{a}_1 \ominus \vec{a}_2 \in \text{Kern}(\varphi)]}$$

$$\Downarrow$$

$$\boxed{\text{Kern}(\varphi) \neq \{\vec{o}\}}$$

Der zweite Teil war nun etwas einfacher:

2. „$\Leftarrow$" Kontraposition: Zu zeigen:

   „Kern $(\varphi) \neq \{\vec{o}\} \Rightarrow \varphi$ nicht injektiv"

$$\boxed{\text{Kern}(\varphi) \neq \{\vec{o}\}}$$

$$\Downarrow$$

$$\boxed{\bigvee_{\vec{a} \in V} [\vec{a} \neq \vec{o} \wedge \vec{a} \in \text{Kern}(\varphi)]}$$

$$\Downarrow$$

$$\boxed{\bigvee_{\vec{a} \in V} [\vec{a} \neq \vec{o} \wedge \varphi(\vec{a}) = \vec{o} = \varphi(\vec{o})]}$$

$$\Downarrow$$

$$\boxed{\varphi \text{ nicht injektiv}}$$

$\blacklozenge$

Bei φ_1 besteht der Kern aus allen auf einer Geraden durch den Nullpunkt liegenden Vektoren. Es war schon früher im Unterricht bewiesen worden, daß diese Menge zusammen mit den üblichen Verknüpfungen einen Vektorraum bildet. Das führte nun dazu, für eine beliebige Abbildung einmal (Kern (φ); $\oplus$; $\circ$) zu untersuchen:

I. Ist (Kern (φ); $\oplus$) eine kommutative Gruppe?

1. Die Frage, ob es ein Verknüpfungsgebilde ist, kann positiv beantwortet werden:

$$\boxed{\vec{a}_1, \vec{a}_2 \in \text{Kern } (\varphi)}$$

$$\Downarrow$$

$$\boxed{\varphi(\vec{a}_1) = \varphi(\vec{a}_2) = \vec{o}}$$

$$\Downarrow$$

$$\boxed{\varphi(\vec{a}_1) \oplus \varphi(\vec{a}_2) = \varphi(\vec{a}_1 \oplus \vec{a}_2) = \vec{o}}$$

$$\Downarrow$$

$$\boxed{\vec{a}_1 \oplus \vec{a}_2 \in \text{Kern } (\varphi)}$$

2. a, d: Da Kern (φ) eine Teilmenge von V ist, „vererben" sich die beiden Gesetze: AG und KG gelten.

b: Auch hier ist $\vec{o}$ das neutrale Element.

c: Ist $\vec{a} \in$ Kern (φ), so muß auch $-\vec{a} \in$ Kern (φ) sein, denn mit $\varphi(\vec{a}) = \vec{o}$ ist auch $\varphi(-\vec{a}) = -\varphi(\vec{a}) = -\vec{a} = \vec{o}$.

II.1. Für die Multiplikation muß gezeigt werden, daß die Beschränkung von $\circ$ auf den Kern eine „passende" Abbildung darstellt:

$$\circ: \begin{array}{l} \text{IR} \times \text{Kern} (\varphi) \rightarrow \text{Kern} (\varphi) \\ (r; \vec{a}) \qquad\qquad \rightarrow \quad r \circ \vec{a} \end{array}$$

d. h. mit jedem $r \in$ IR und jedem $\vec{a} \in$ Kern (φ) muß auch $r \circ \vec{a} \in$ Kern (φ) sein.

Der Beweis ist leicht: $\varphi(r \circ \vec{a}) = r \circ \varphi(\vec{a}) = r \circ \vec{o} = \vec{o}$.

Alle weiteren Bedingungen, die für die Multiplikation gelten müssen, „vererben" sich wieder aus dem größeren Vektorraum.

Damit ist der folgende Satz bewiesen:

$$\boxed{\textbf{Satz 3.6:} \ \ (\text{Kern} (\varphi); \oplus; \circ) \ \text{ist ein Vektorraum.}}$$

Bereits dieser Satz zeichnet den Kern vor den anderen Fasern aus, denn es gilt:

$$\boxed{\textbf{Satz 3.7:} \ \ (\hat{\varphi}(\vec{b}); \oplus; \circ) \ \text{ist ein Vektorraum} \ \Longleftrightarrow \ \vec{b} = \vec{o}}$$

Beweis: „$\Rightarrow$" Kontroposition:

$$\vec{b} \neq \vec{o} \;\Rightarrow\; (\hat{\varphi}(\vec{b}); \oplus, \circ) \text{ ist kein Vektorraum}$$

Wir zeigen:

$$\vec{b} \neq \vec{o} \;\Rightarrow\; (\hat{\varphi}(\vec{b}); \oplus) \qquad \text{ist kein Verknüpfungsgebilde}$$

$$\boxed{\vec{a}_1, \vec{a}_2 \in \hat{\varphi}(\vec{b})}$$

$$\Downarrow$$

$$\boxed{\varphi(\vec{a}_1) = \varphi(\vec{a}_2) = \vec{b}}$$

$$\Downarrow$$

$$\boxed{\varphi(\vec{a}_1 \oplus \vec{a}_2) = \varphi(\vec{a}_1) \oplus \varphi(\vec{a}_2) = 2\vec{b}}$$

$$\Downarrow \quad 2\vec{b} \neq \vec{b}$$

$$\boxed{\vec{a}_1 \oplus \vec{a}_2 \in \hat{\varphi}(\vec{b})}$$

„$\Leftarrow$" siehe Satz 3.6. $\blacklozenge$

Die entscheidende Rolle, die der Kern bei der Darstellung der Fasern spielt, wird aber erst durch die folgende Überlegung deutlich: Für φ_1 gilt: $\hat{\varphi}_1(k) = \{\vec{x} \mid \vec{n} \cdot \vec{x} = k\}$. Die Gleichung $\vec{n} \cdot \vec{x} = k$ stellt, wie die Schüler bereits wußten, eine Geradengleichung dar. Sie konnten diese Gleichung auch schon in die Parameterform umwandeln: $\vec{x} = \vec{x}_1 \oplus r \circ \vec{u}$. Sind die Gleichungen $\vec{n} \cdot \vec{a} = k$ und $\vec{x} = \vec{x}_1 \oplus r \circ \vec{u}$ äquivalent, so gilt:

$$\hat{\varphi}_1(k) = \{\vec{x} \mid \vec{x} = \vec{x}_1 \oplus r \circ \vec{u}\}$$

Dabei zeigt sich, daß jeder Vektor aus der Faser $\hat{\varphi}_1(k)$ in eine Summe von zwei Vektoren aufgespalten werden kann, wo der eine ($\vec{x}_1$) beliebig, aber fest aus der Faser, der andere ($r \circ \vec{u}$) aus dem Kern „stammt". Bevor dieser Sachverhalt allgemein in einem Satz festgehalten wird, ist es gut, noch ein weiteres Beispiel zu betrachten:

$$\hat{\Pi}_{xy}(1; 1; 0) = \{(1; 1; z) \mid z \in I\!R\} = \{(1; 1; 0) \oplus (0; 0; z) \mid z \in I\!R\}.$$

Dabei gilt $(1; 1; 0) \in \hat{\Pi}_{xy}(1; 1; 0)$ und $(0; 0; z) \in \mathrm{Kern}\,(\Pi_{xy})$.

Die allgemeine Formulierung lautet nun:

$$\boxed{\begin{array}{l} \textbf{Satz 3.8:} \quad \text{Ist } \vec{a} \in \hat{\varphi}(\vec{b}), \text{ so gilt:} \\[4pt] \qquad\qquad \hat{\varphi}(\vec{b}) = \{\vec{a} \oplus \vec{x} \mid \vec{x} \in \mathrm{Kern}\,(\varphi)\} \end{array}}$$

Lineare Algebra

In den Leistungskursen der Kollegstufe soll bevorzugt das deduktive mathematische Denken an angemessenen Beispielen dargestellt werden. Die Lineare Algebra erweist sich hier als besonders geeignet, weil sie aus leicht verständlichen Axiomen aufgebaut werden kann, die in der anschaulichen Elementargeometrie einfach begründbar sind. Außerdem findet die Lineare Algebra wichtige Anwendungen in fast allen Bereichen der Mathematik, der Naturwissenschaften, der Technik und der Wirtschaftswissenschaften. Hierdurch wird die große Bedeutung dieses Teilgebietes für die mathematische Grundbildung bestätigt.

Die Autoren der beiden kolleg-texte, die wir Ihnen hier vorstellen wollen, verzichten bewußt auf eine zu starke Betonung der Theorie und bevorzugen daher eine ausführliche Darlegung propädeutischer Überlegungen im Vorfeld der strengen Abstraktion; sie beschreiben Denkansätze und Beweisideen, um den Leser an das Verständnis für die Zusammenhänge der Aussagen heranzuführen. Dabei kommen ihnen umfangreiche Erfahrungen bei der Aus- und Weiterbildung von Lehrern und beim Unterricht im gymnasialen und Höheren Fachschulbereich zustatten.

Im Band **„Lineare Algebra und Analytische Geometrie"** wird aus Modellen des arithmetischen Raumes reeller n-tupel, des Anschauungsraumes bis Dimension 3 und spezieller Funktionsräume die Vektorraumstruktur mit ihren Eigenschaften abstrahiert. Der affine Punktraum wird durch Hervorhebung seiner Beziehungen zu einem Vektorraum von diesem deutlich unterschieden und herausgestellt. Die affinen Eigenschaften des Raumes heben sich klar von seinen metrischen Eigenschaften ab, weil letztere erst durch ein Skalarprodukt definiert werden. Wichtige geometrische Sätze können dann aus wenigen Grundsätzen algebraisch gefolgert werden. In allen Kapiteln treten Lineare Gleichungssysteme auf, teils zur Motivation neuer Begriffe, teils als Lösungskalkül für die Aufgaben. Sie betonen den methodischen Zusammenhang des Buches und weisen auf die historische Entstehung der Linearen Algebra hin.

Im Band **„Lineare Abbildungen, affine Abbildungen, Kegelschnitte"** ist das zentrale Thema der Begriff der linearen Abbildung. Durch zahlreiche verschiedenartige Beispiele gelingt es, dem Lernenden den weiten Anwendungsbereich dieses Begriffes innerhalb und außerhalb der Mathematik zu verdeutlichen. Breiten Raum nimmt die Behandlung der affinen Abbildungen ein, die in enger Anlehnung an die linearen Abbildungen eingeführt werden. Darüber hinaus läßt sich die Theorie der linearen Gleichungssysteme durch die Verwendung der linearen Abbildungen durchsichtiger darstellen. Schließlich werden die Kegelschnittsgleichungen mit Hilfe von Linear- und Bilinearformen behandelt. Der Band „Lineare Abbildungen, affine Abbildungen, Kegelschnitte" enthält einen einführenden Abschnitt, in dem all die Sachverhalte aus dem Band „Lineare Algebra und Analytische Geometrie" zusammengestellt werden, welche für die Durchnahme dieses Buches nötig sind.

In beiden Bänden sind Beispiele stets dort aufgeführt, wo sie zur Vorbereitung, zur Problemklärung oder zur Vorführung eines Verfahrens notwendig sind. Abwechslungsreiche Übungsaufgaben verschiedenen Schwierigkeitsgrades sind jedem Abschnitt in größerer Zahl beigegeben oder auch in den laufenden Text eingestreut. Sie sind fast alle numerisch leicht zu bewältigen und sollen den Leser zur gedanklichen Mitarbeit und zur Wiederholung anregen.

kolleg—text neu

Wilmut Kohlmann, Klaus Rudolph, Alfred Stepan, Botho Stumpf,
Manfred Toussaint, Renate und Rainer Engelhard

Lineare Algebra und Analytische Geometrie

Mit 98 Abbildungen. — Braunschweig: Vieweg 1974.   ca. 160 Seiten
DIN C 5. Kartoniert   16,80 DM
Bestell-Nr. 826
Bestell-Nr. 831   Lösungen. ca. 50 Seiten.   Schutzpreis   6,— DM

Renate und Rainer Engelhard, Wilmut Kohlmann, Klaus Rudolph,
Alfred Stepan, Botho Stumpf, Manfred Toussaint

Lineare Abbildungen, affine Abbildungen, Kegelschnitte

Mit 47 Abbildungen. — Braunschweig: Vieweg 1974.   ca. 140 Seiten
DIN C 5. Kartoniert   14,80 DM
Bestell-Nr. 827
Bestell-Nr. 829   Lösungen. ca. 60 Seiten.   Schutzpreis   6,— DM

über den Inhalt dieser kolleg-texte

Die Bücher können unabhängig von dem in der Sekundarstufe I benutzten
Mathematikwerk verwendet und auch unabhängig voneinander und von
anderen Themenbänden eingesetzt werden. Die Genehmigungsverfahren in
allen Bundesländern sind eingeleitet. Bei vorliegender Entscheidung erhalten
Sie eine spezielle Nachricht.

Inhalt — Lesediagramm: Lineare Algebra und Analytische Geometrie

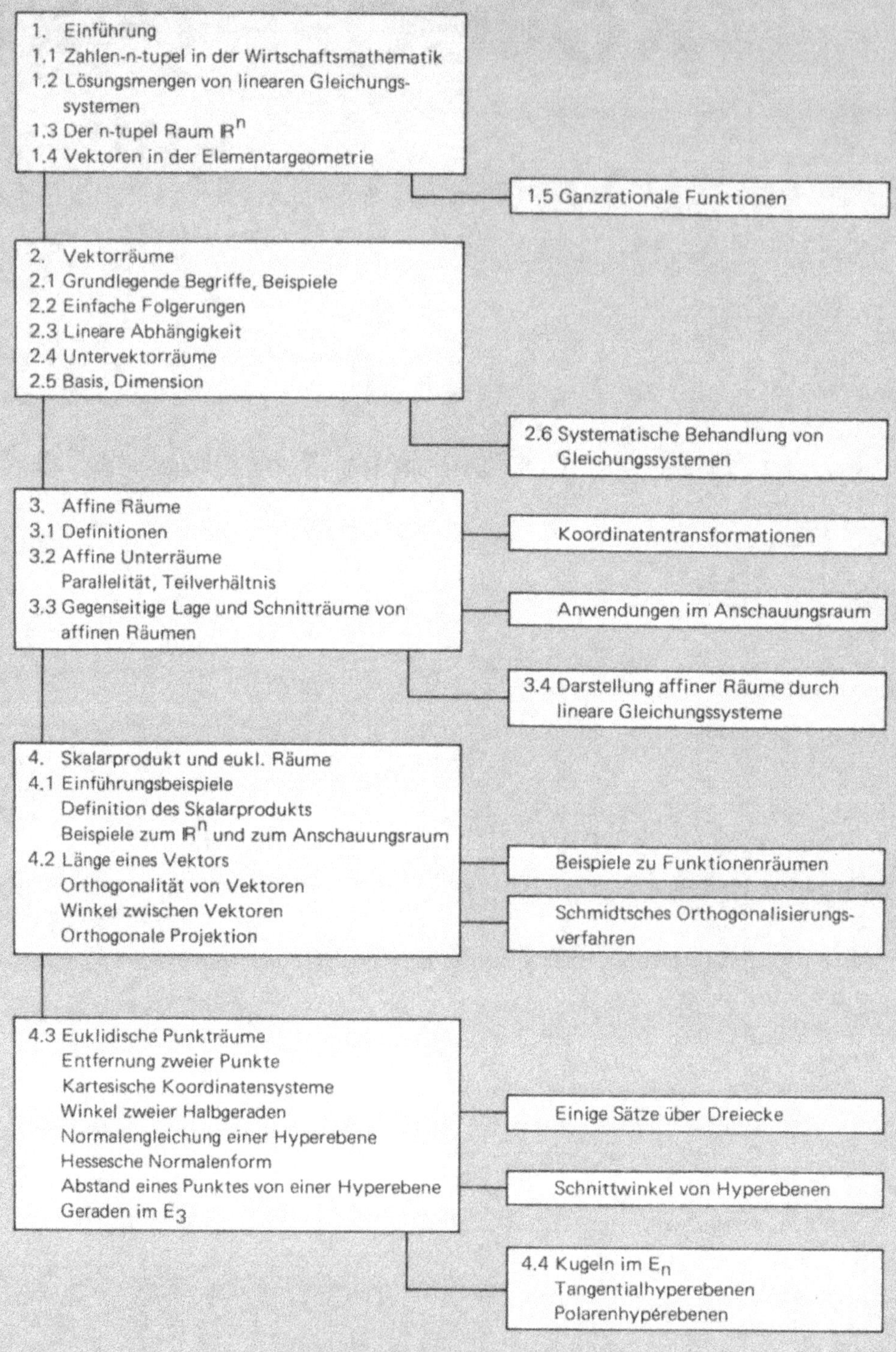

Inhalt — Lesediagramm: Lineare Abbildungen, affine Abbildungen, Kegelschnitte

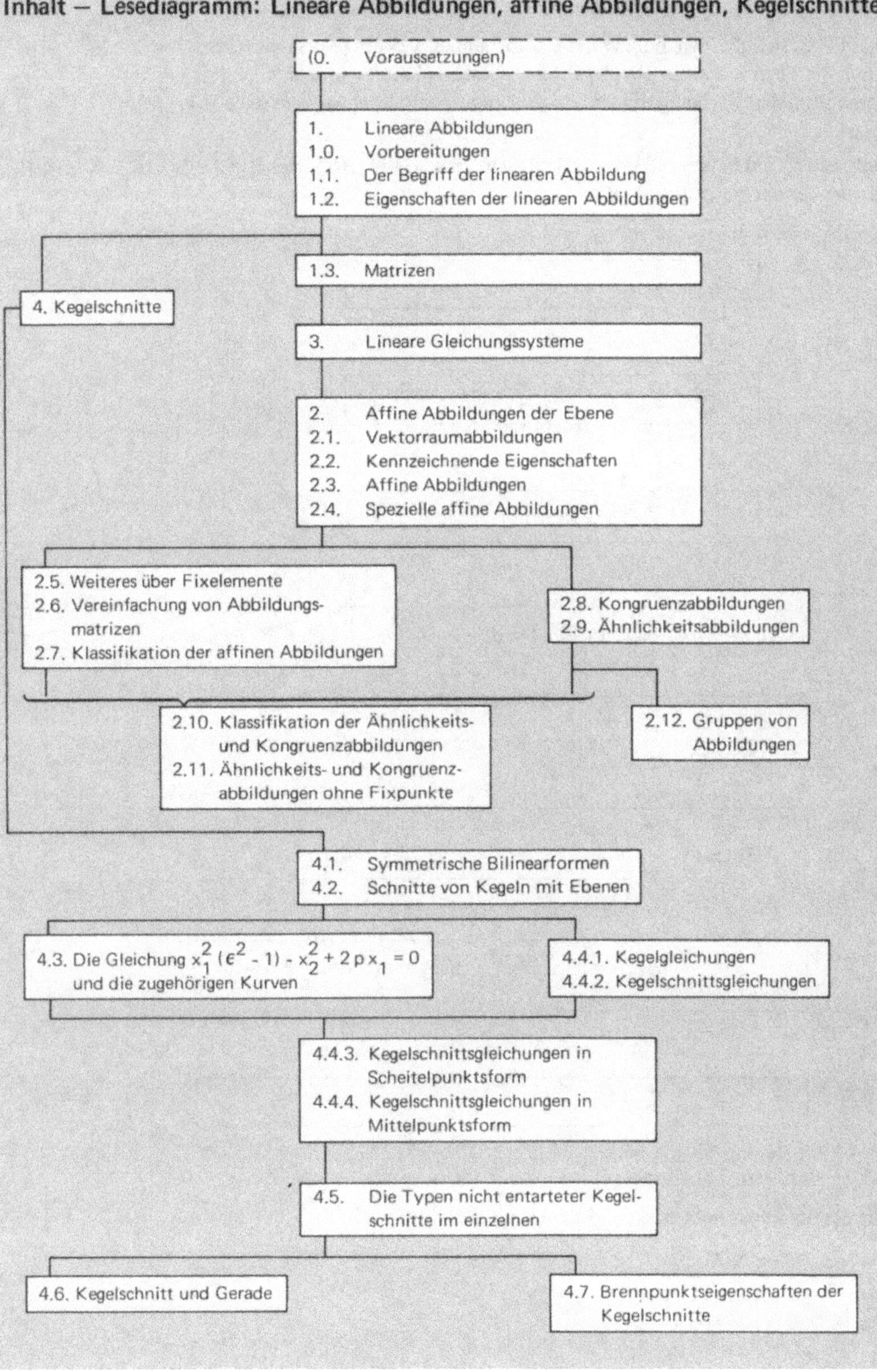

Hier bietet sich die Behandlung des Faktorraumes $V/\mathrm{Kern}\,(\varphi)$ geradezu an. Obwohl dadurch die Theorie um einiges eleganter ausgesehen hätte, wurde dennoch darauf verzichtet, um den Fortgang des Unterrichts nicht noch durch weitere neue Begriffe zu belasten.

Zum Beweis des Satzes 3.8 setzt man als Abkürzung $A = \hat{\varphi}(\vec{b})$ und $B = \{\vec{a} \oplus \vec{x}\,|\,\vec{x} \in \mathrm{Kern}(\varphi)\}$. Es muß gezeigt werden, daß gilt:

$$A = B, \text{ d. h. } \vec{y} \in A \Longleftrightarrow \vec{y} \in B.$$

1. „$\Rightarrow$"

$$\boxed{\vec{y} \in A}$$

$$\Downarrow$$

$$\boxed{\varphi(\vec{y} \ominus \vec{a}) = \varphi(\vec{y}) \ominus \varphi(\vec{a}) = \vec{b} - \vec{b} = \vec{o}}$$

$$\Downarrow$$

$$\boxed{\vec{y} \ominus \vec{a} \in \mathrm{Kern}\,(\varphi)}$$

$$\Downarrow$$

$$\boxed{\vec{y} = \vec{a} \oplus (\vec{y} \ominus \vec{a}) \in B}$$

2. „$\Leftarrow$"

$$\boxed{\vec{y} \in B}$$

$$\Downarrow$$

$$\boxed{\bigvee_{\vec{x}\,\in\,\mathrm{Kern}\,(\varphi)} \vec{y} = \vec{a} \oplus \vec{x}}$$

$$\Downarrow$$

$$\boxed{\bigvee_{\vec{x}\,\in\,\mathrm{Kern}\,(\varphi)} \varphi(\vec{y}) = \varphi(\vec{a} \oplus \vec{x}) = \varphi(\vec{a}) \oplus \varphi(\vec{x}) = \vec{b} \oplus \vec{o} = \vec{b}}$$

$$\Downarrow$$

$$\boxed{\vec{y} \in A} \qquad \blacklozenge$$

3.3. $\hat{\varphi}$ als lineare Abbildung

Wie bereits früher notiert, ist $\hat{\varphi}$ die folgende Abbildung

$$\hat{\varphi}: \begin{array}{l} W \to \mathcal{P}(V) \\ \vec{b} \to \hat{\varphi}(\vec{b}) \end{array}$$

Ist $\hat{\varphi}$ linear? Dazu müssen mehrere Bedingungen erfüllt sein: U. a. sind auf $\mathcal{P}(V)$ Verknüpfungen zu suchen, so daß diese zusammen mit $\mathcal{P}(V)$ einen Vektorraum bilden. Naheliegend sind die folgenden Definitionen:

Definition 3.3: Sind V, V_1 und V_2 Teilmengen eines Vektorraumes, so soll gelten:

$$V_1 \boxplus V_2 = \{\vec{a}_1 \oplus \vec{a}_2 \mid a_i \in V_i\}$$
$$r \mathbin{\square} V = \{r \circ \vec{a} \mid \vec{a} \in V\}$$

Beispiele:

1. Es seien $\vec{a}$ und $\vec{b}$ zwei Vektoren der Ebene. Dann gilt:

$$\{r \circ \vec{a} \mid r \in \mathbb{Z}\} \boxplus \{s \circ \vec{b} \mid s \in \mathbb{Z}\} = \{r \circ \vec{a} \boxplus s \circ \vec{b} \mid r, s \in \mathbb{Z}\}$$

Sind $\vec{a}$ und $\vec{b}$ linear unabhängig, so sind die Elemente der Summenmenge genau alle Vektoren, die Pfeile als Repräsentanten besitzen, deren Anfangs- und Endpunkte auf einem Gitterpunkt liegen (siehe Zeichnung). Ersetzt man $\mathbb{Z}$ durch $\mathbb{R}$, so erhält man als Summenmenge die Menge aller Vektoren der Ebene.

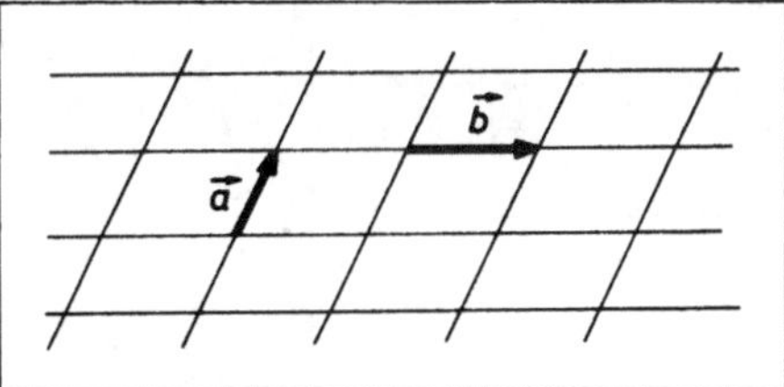

2. Für das weitere ist nun das folgende Beispiel interessant: Es sei $\varphi_1(\vec{x}) = (1; 1) \cdot \vec{x}$. Dann gilt:

$$\hat{\varphi}_1(1) = \{\vec{x} \mid \vec{x} = (1; 0) \oplus r \circ (-1; 1)\}, \quad \hat{\varphi}_1(2) = \{\vec{x} \mid \vec{x} = (2; 0) \oplus s \circ (-1; 1)\}$$

mit $(1; 0) \in \hat{\varphi}_1(1)$ und $(2; 0) \in \hat{\varphi}_1(2)$ und mit $\vec{u} = (-1; 1) \in \hat{\varphi}_1(0)$.

Dann gilt weiter: $\hat{\varphi}_1(1) \boxplus \hat{\varphi}_1(2) = \{\vec{x} \mid \vec{x} = (3; 0) \oplus (r + s) \circ \vec{u}\}$.

Die letzte Menge stellt nun aber wieder eine Faser dar, nämlich $\hat{\varphi}_1(3)$. Denn es ist

$$\varphi((3; 0) \oplus (r + s) \circ (-1; 1)) = \varphi(3; 0) + \varphi((r + s) \circ (-1; 1)) = 3.$$

Es gilt also: $\hat{\varphi}_1(1) \boxplus \hat{\varphi}_1(2) = \hat{\varphi}_1(1 + 2)$ (siehe Bild auf Seite 26)

Anschaulich ausgedrückt lautet das Ergebnis: Addiert man einen Vektor der Geraden g_1 zu einem Vektor der Geraden g_2, so ergibt sich ein Vektor der Geraden g_3; auf diese Weise erhält man alle Vektoren der Geraden g_3.

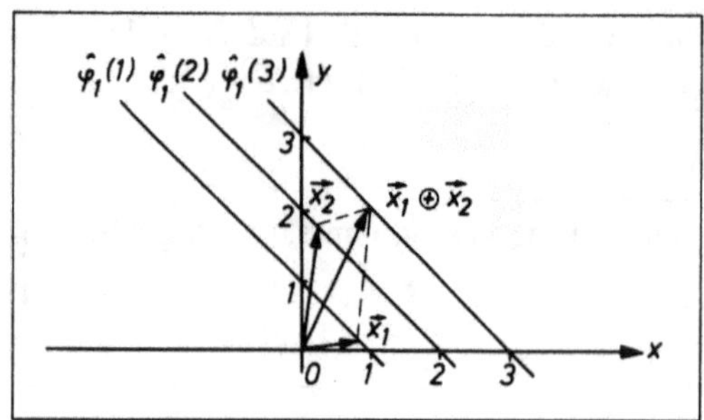

Durch dieses Beispiel wurden die Schüler auf den folgenden Satz geführt.

Satz 3.9: $\hat{\varphi}(\vec{b}_1) \boxplus \hat{\varphi}(\vec{b}_2) = \hat{\varphi}(\vec{b}_1 \oplus \vec{b}_2)$

Zum Beweis ist zu zeigen:

$$\vec{x} \in \hat{\varphi}(\vec{b}_1) \boxplus \hat{\varphi}(\vec{b}_2) \quad \Longleftrightarrow \quad \vec{x} \in \hat{\varphi}(\vec{b}_1 \oplus \vec{b}_2)$$

1. „$\Rightarrow$"

$$\vec{x} \in \hat{\varphi}(\vec{b}_1) \boxplus \hat{\varphi}(\vec{b}_2)$$

$\Downarrow$ Definition von $\boxplus$

$$\bigvee_{\substack{\vec{a}_1 \in \hat{\varphi}(\vec{b}_1) \\ \vec{a}_1 \in \hat{\varphi}(\vec{b}_2)}} \vec{x} = \vec{a}_1 \oplus \vec{a}_2$$

$\Downarrow$

$$\bigvee_{\substack{\vec{a}_1 \in \hat{\varphi}(\vec{b}_1) \\ \vec{a}_2 \in \hat{\varphi}(\vec{b}_2)}} \varphi(\vec{x}) = \varphi(\vec{a}_1 \oplus \vec{a}_2) = \varphi(\vec{a}_1) \oplus \varphi(\vec{a}_2) = \vec{b}_1 \oplus \vec{b}_2$$

$\Downarrow$ Definition von $\hat{\varphi}$

$$\vec{x} \in \hat{\varphi}(\vec{b}_1 \oplus \vec{b}_2)$$

2. „$\Leftarrow$" Der zweite Teil ist etwas komplizierter: Er verwendet ein in der Linearen Algebra häufig angewandtes Verfahren, das schon einmal beim Beweis von Satz 3.8 benutzt wurde. Von dem Vektor $\vec{x} \in \hat{\varphi}(\vec{b}_1 \oplus \vec{b}_2)$ muß zunächst ein Vektor $\vec{a}_2 \in \hat{\varphi}(\vec{b}_2)$ subtrahiert und anschließend sofort wieder addiert werden:

$$\vec{x} = (\vec{x} \ominus \vec{a}_2) \oplus \vec{a}_2$$

26

Da gilt:

$$\varphi(\vec{x} \ominus \vec{a}_2) = \varphi(\vec{x}) \ominus \varphi(\vec{a}_2) = (\vec{b}_1 \oplus \vec{b}_2) \ominus \vec{b}_2 = \vec{b}_1$$

und

$$\varphi(\vec{a}_2) = \vec{b}_2,$$

folgt:

$$\vec{x} \in \hat{\varphi}(\vec{b}_1) \boxplus \hat{\varphi}(\vec{b}_2) \qquad \blacklozenge$$

Ohne daß es die meisten Schüler merken, wurde beim zweiten Teil des Beweises noch eine Voraussetzung verwandt (ähnlich wie oben bei Satz 3.3), die nicht im Satz steht: Was soll man tun, wenn es kein $\vec{a}_2 \in \hat{\varphi}(\vec{b}_2)$ gibt, wenn also $\hat{\varphi}(\vec{b}_2) = \emptyset$ ist, d. h. $\vec{b}_2$ Nicht-Bild ist? Diese Frage, die von einem Schüler gestellt wurde, löste nun aber eine große Aktivität seitens aller Schüler aus. Sie konnten hier ein etwas größeres Problem selbst untersuchen und schließlich einer Lösung zuführen, wobei der Lehrer fast völlig zurücktrat.

Zunächst nun mußte die Addition mit $\emptyset$ geklärt werden:

Satz 3.10: Ist V eine Teilmenge eines Vektorraumes, so gilt:

$$V \boxplus \emptyset = \emptyset$$

Beweis: $V \boxplus \emptyset = \{\vec{a}_1 \oplus \vec{a}_2 \mid \vec{a}_1 \in V \wedge \vec{a}_2 \in \emptyset\} = \emptyset \qquad \blacklozenge$

Zur weiteren Aufhellung des oben gestellten Problems konnte wieder auf ein Beispiel zurückgegriffen werden:

$$\Pi_{xy} : \begin{array}{ccc} \mathrm{IR}^3 & \to & \mathrm{IR}^3 \\ (x; y; z) & \to & (x; y; 0) \end{array}$$

Es sei $\vec{b}_1 = (1; 1; 1)$ und $\vec{b}_2 = (3; 2; 0)$; dann gilt: $\hat{\varphi}(\vec{b}_1) = \emptyset$, da $\vec{b}_1$ Nicht-Bild ist. Es ist aber auch $\vec{b}_1 \oplus \vec{b}_2 = (4; 3; 1)$ Nicht-Bild, und somit gilt Satz 3.9 auch noch in diesem Fall. Die Schüler selbst konnten nun den diesem Beispiel zugrundeliegenden Satz formulieren:

Satz 3.11: $\vec{b}_1$ Nicht-Bild, $\vec{b}_2$ Bild $\Rightarrow$ $\vec{b}_1 \oplus \vec{b}_2$ ist Nicht-Bild

Zum Beweis wurde der Satz zunächst logisch umgeformt (2. Kontraposition): Dann ist zu zeigen:

$$\vec{b}_1 \oplus \vec{b}_2 \text{ Bild, } \vec{b}_2 \text{ Bild} \Rightarrow \vec{b}_1 \text{ Bild}$$

Diese Umformung ergibt sich aus dem Schema:

Ist bereits ein Satz der Struktur „$\alpha \wedge \beta \Rightarrow \gamma$" bewiesen, so folgt daraus der Satz: „$\neg \gamma \wedge \beta \Rightarrow \alpha$". Untermauern läßt sich dieses Beweisverfahren wieder durch viele Beispiele (etwa aus der Teilbarkeitslehre). Nach diesen Vorüberlegungen ist aber der Beweis einfach: Ziel ist es, zu $\vec{b}_1$ ein Urbild zu finden.

$$\boxed{\ \vec{b}_1 \oplus \vec{b}_2 \ \text{Bild}, \quad \vec{b}_2 \ \text{Bild bezüglich } \varphi\ }$$

$$\Downarrow$$

$$\boxed{\ \underset{\vec{a}_3 \in V}{\bigvee} \varphi(\vec{a}_3) = \vec{b}_1 \oplus \vec{b}_2 \ \wedge \ \underset{\vec{a}_2 \in V}{\bigvee} \varphi(\vec{a}_2) = \vec{b}_2\ }$$

$$\Downarrow$$

$$\boxed{\ \underset{\substack{\vec{a}_3 \in V \\ \vec{a}_2 \in V}}{\bigvee} \varphi(\vec{a}_3 \ominus \vec{a}_2) = \varphi(\vec{a}_3) \ominus \varphi(\vec{a}_2) = (\vec{b}_1 \oplus \vec{b}_2) \ominus \vec{b}_2 = \vec{b}_1\ }$$

$$\Downarrow$$

$$\boxed{\ \vec{b}_1 \ \text{ist Bild bezüglich } \varphi\ } \qquad \blacklozenge$$

Interessant ist, daß beim Unterrichtsverlauf die Schüler selbständig das oben erörterte Beweisverfahren gefühlsmäßig richtig anwandten. Die Vertiefung und Begründung allerdings mußte wieder durch den Lehrer geschehen.

Bisher nun schien ja der Satz 3.9 gerettet zu sein. Da aber wurde von den Schülern die weitere Frage aufgeworfen: Was läßt sich über $\vec{b}_1 \oplus \vec{b}_2$ sagen, wenn nun beide Vektoren, $\vec{b}_1$ und $\vec{b}_2$, Nicht-Bilder sind? Soll Satz 3.9 auch jetzt noch gelten, so müßte folgender Satz richtig sein:

$$\boxed{\ \textbf{Satz 3.12:}\ \vec{b}_1, \vec{b}_2 \ \text{Nicht-Bilder bez. } \varphi \ \Rightarrow \ \vec{b}_1 \oplus \vec{b}_2 \ \text{Nicht-Bild bez. } \varphi\ }$$

Diesen Satz erkannten die Schüler sofort als falsch: Das Gegenbeispiel ist hier leicht zu finden: Für Π_{xy} sind $(1; 1; 1)$ und $(1; 1; -1)$ Nicht-Bilder, jedoch ist $(1; 1; 1) \oplus (1; 1; -1) = (1; 1; 0)$ ein Bild. Damit war aber Satz 3.9 in der obigen Formulierung hinfällig. Er mußte geändert werden:

$$\boxed{\ \textbf{Satz 3.9*:}\ \vec{b}_1, \vec{b}_2 \ \text{Bilder bez. } \varphi \Rightarrow \hat{\varphi}(\vec{b}_1) \boxplus \hat{\varphi}(\vec{b}_2) = \hat{\varphi}(\vec{b}_1 \oplus \vec{b}_2)\ }$$

Wie aber kann nun die Abbildung $\hat{\varphi}$ als lineare Abbildung gerettet werden?

Zunächst stellt man fest, daß es unnötig ist, durch $\hat{\varphi}$ auch die Nicht-Bilder aus W abbilden zu lassen. Daher erscheint es sinnvoll, die Urbildmenge einzuschränken von W auf $\text{Im}(\varphi)$, der Menge aller Bilder von φ:

$$\hat{\varphi}: \begin{array}{l} \text{Im}(\varphi) \to \mathscr{P}(V) \\ \vec{b} \quad\ \to \hat{\varphi}(\vec{b}) \end{array}$$

Für diese Abbildung gilt nun, wie in Satz 3.9* bewiesen, die erste Linearitätsbedingung. Wie steht es nun mit der zweiten Bedingung? Gilt der folgende Satz?

28

$$\text{Satz 3.13:} \quad \bigwedge_{\substack{\vec{b} \in \text{Im}(\varphi) \\ r \in \mathbb{R}}} \hat{\varphi}(r \circ \vec{b}) = r \,\square\, \hat{\varphi}(\vec{b})$$

Durch den Satz 3.9 gewarnt, untersuchten die Schüler zunächst, ob eine der beiden Mengen $\hat{\varphi}(r \circ \vec{b})$ oder $r \,\square\, \hat{\varphi}(\vec{b})$ leer sein könnte. Nun, $\hat{\varphi}(\vec{b})$ besitzt immer Elemente, da $\vec{b} \in \text{Im}(\varphi)$ ist. Dann ist auch $r \,\square\, \hat{\varphi}(\vec{b})$ nicht leer. Für $\hat{\varphi}(r \circ \vec{b})$ gilt aber dasselbe, da mit $\vec{b}$ auch $r \circ \vec{b}$ immer in $\text{Im}(\varphi)$ liegt, wie der folgende Satz zeigt:

$$\text{Satz 3.14:} \quad \bigwedge_{r \in \mathbb{R}} [\vec{b} \in \text{Im}(\varphi) \;\Rightarrow\; r \circ \vec{b} \in \text{Im}(\varphi)]$$

Beweis:

$$\boxed{\vec{b} \in \text{Im}(\varphi)}$$

$$\Downarrow$$

$$\boxed{\bigvee_{\vec{a} \in V} \varphi(\vec{a}) = \vec{b}}$$

$$\Downarrow$$

$$\boxed{\bigvee_{\vec{a} \in V} \varphi(r \circ \vec{a}) = r \circ \varphi(\vec{a}) = r \circ \vec{b}}$$

$$\Downarrow$$

$$\boxed{r \circ \vec{b} \in \text{Im}(\varphi)} \qquad\qquad \blacklozenge$$

Nun wieder zurück zu Satz 3.13. Da die Gleichheit von Mengen behauptet wird, muß der Beweis in zwei Teilen geführt werden:

1. Zu zeigen: $\vec{x} \in \hat{\varphi}(r \circ \vec{b}) \;\Rightarrow\; \vec{x} \in r \,\square\, \hat{\varphi}(\vec{b})$

$$\boxed{\vec{x} \in \hat{\varphi}(r \circ \vec{b})}$$

$$\Downarrow$$

$$\boxed{\varphi(\vec{x}) = r \circ \vec{b}}$$

$$\Downarrow$$

$$\boxed{\varphi(\tfrac{1}{r} \circ \vec{x}) = \tfrac{1}{r} \circ \varphi(\vec{x}) = \tfrac{1}{r} \circ (r \circ \vec{b}) = \vec{b}}$$

$$\Downarrow$$

$$\boxed{\tfrac{1}{r} \circ \vec{x} \in \hat{\varphi}(\vec{b})}$$

$$\Downarrow$$

$$\boxed{\vec{x} = r \circ (\tfrac{1}{r} \circ \vec{x}) \in r \,\square\, \hat{\varphi}(\vec{b})}$$

2. Zu zeigen: $\vec{x} \in r \,\square\, \hat{\varphi}(\vec{b}) \Rightarrow \vec{x} \in \hat{\varphi}(r \circ \vec{b})$

$$\boxed{\vec{x} \in r \,\square\, \hat{\varphi}(\vec{b})}$$

$$\Downarrow$$

$$\boxed{\bigvee_{\vec{a} \in \hat{\varphi}(\vec{b})} \vec{x} = r \circ \vec{a}}$$

$$\Downarrow$$

$$\boxed{\bigvee_{\vec{a} \in \hat{\varphi}(\vec{b})} \varphi(\vec{x}) = r \circ \varphi(\vec{a}) = r \circ \vec{b}}$$

$$\Downarrow$$

$$\boxed{\vec{x} \in \hat{\varphi}(r \circ \vec{b})} \qquad \blacklozenge$$

Aber auch dieser Beweis ist nicht vollständig richtig, wie die Schüler merkten: Im ersten Teil mußte $r \neq 0$ verwandt werden, was in Satz 3.14 nicht vorausgesetzt ist. Daß der Satz für $r = 0$ nicht gilt, ist schnell gezeigt:

$$0 \,\square\, \hat{\Pi}_{xy}(1; 1; 0) = \{\vec{o}\}, \quad \text{dagegen:}$$
$$\hat{\Pi}_{xy}(0 \circ (1; 1; 0)) = \hat{\Pi}_{xy}(0; 0; 0) = \{(0; 0; z) \mid z \in \mathbb{R}\}$$

Es liegt uns aber daran, aus $\hat{\varphi}$ eine lineare Abbildung zu machen. Um Satz 3.14 doch noch zu retten, müßte gelten:

$$0 \,\square\, \hat{\varphi}(\vec{b}) = \hat{\varphi}(\vec{o})$$

Dazu muß aber die Definition 3.1 geändert werden:

Definition 3.4: Für Fasern soll gelten:

(1) $\quad \hat{\varphi}(\vec{b_1}) \boxplus \hat{\varphi}(\vec{b_2}) \quad = \{\vec{a_1} \oplus \vec{a_2} \mid \vec{a_i} \in \hat{\varphi}(b_i)\}$

(2) $\quad$ Für $r \neq 0$: $r \,\square\, \hat{\varphi}(\vec{b}) = \{r \circ \vec{a} \mid \vec{a} \in \hat{\varphi}(\vec{b})\}$

$\qquad\quad$ Für $r = 0$: $0 \,\square\, \hat{\varphi}(\vec{b}) = \hat{\varphi}(\vec{o}) = \text{Kern}(\varphi)$

Da mit dieser Definition kein Widerspruch in unserer bisherigen Theorie auftritt, da dann sogar Satz 3.13 gilt, ist nicht einzusehen, warum man nicht so, wie jetzt geschehen, definieren sollte. Damit wären beide Linearitätseigenschaften für die Abbildung:

$$\hat{\varphi}: \begin{array}{l} \text{Im}(\varphi) \to \mathcal{P}(V) \\ \vec{b} \to \hat{\varphi}(\vec{b}) \end{array}$$

nachgewiesen. Darüber hinaus müssen nun aber noch $(\text{Im}(\varphi); \oplus; \circ)$ und $(\mathcal{P}(V); \boxplus; \square)$ Vektorräume sein.

Zunächst läßt sich leicht beweisen, daß gilt:

Satz 3.15: $(\text{Im}(\varphi); \oplus; \circ)$ ist ein Vektorraum.

Dagegen gilt nicht:

Satz 3.16: $(\mathcal{P}(V); \boxplus; \square)$ ist ein Vektorraum.

Das neutrale Element kann nämlich nur $\{\vec{o}\}$ sein. Dann aber gibt es nicht zu jeder Menge aus $\mathcal{P}(V)$ ein inverses Element, wie man leicht sieht. Nun ist es aber auch überflüssig, als Bildmenge von $\hat{\varphi}$ die gesamte Potenzmenge zu wählen, wo ja doch keineswegs alle Elemente aus $\mathcal{P}(V)$ benötigt werden.

Schränkt man die Bildmenge auf die kleinst möglichste Menge ein, so gelangt man zur Menge aller Fasern, die $\hat{\Phi}$ genannt werden soll:

Definition 3.5: $\hat{\Phi} = \{\hat{\varphi}(\vec{b}) \mid \vec{b} \in \text{Im}(\varphi)\}$

Ist nun $(\hat{\Phi}; \boxplus; \square)$ ein Vektorraum?

I.1. $(\hat{\Phi}; \boxplus)$ ist ein Verknüpfungsgebilde, wie Satz 3.9[*] zeigt:

Anders ausgedrückt besagt diese Bedingung: Faser $\boxplus$ Faser ist wieder eine Faser.

2a.d. Das AG und das KG lassen sich leicht mit Hilfe von Satz 3.9[*] nachweisen.

b.c. Ebenso zeigt auch dieser Satz, daß das neutrale Element $\hat{\varphi}(\vec{o})$ und das zu $\hat{\varphi}(\vec{b})$ inverse Element $\hat{\varphi}(-\vec{b})$ heißen muß.

$(\hat{\Phi}; \boxplus; \square)$ ist also in der Tat ein Vektorraum.

Damit sind aber alle Bedingungen für $\hat{\varphi}$ als lineare Abbildung erfüllt, und es gilt:

Satz 3.17: $\varphi: V \to W$ sei eine lineare Abbildung. Dann gilt:

$$\hat{\varphi}: \begin{array}{l} \text{Im}(\varphi) \to \hat{\Phi} \\ \vec{b} \to \hat{\varphi}(\vec{b}) \end{array} \quad \text{ist eine lineare Abbildung.}$$

M. Denis-Papin, R. Faure, A. Kaufmann und Y. Malgrange

Theorie und Praxis der Booleschen Algebra

VIII, 378 S. mit 129 Abb. DIN C 5. Vieweg 1974 (Logik und Grundlagen der Mathematik. Bd. 15),
gbd. 48,– DM.
ISBN 3 528 08273 9

Dieses Buch wendet sich an alle, die sich mit Boolescher Algebra beschäftigen; es kann ohne umfangreiche mathematische Kenntnisse gelesen und nutzbringend gebraucht werden; daher ist es nicht nur für Mathematiker, sondern in gleicher Weise für alle Naturwissenschaftler und Ingenieure geeignet.

Ein besonderes Kennzeichen der vorliegenden deutschen Ausgabe ist die Fülle von Übungsaufgaben mit deren Lösungen

Die folgende Inhaltsübersicht läßt den methodischen Aufbau des Buches sichtbar werden:

Boolesche Algebra — Begriffe zur Mengenlehre — Binäre Relationen — Definitionen und Eigenschaften der Booleschen Algebra — Die beiden Normalformen — Elementar-Komponenten und erste Vereinfachung von Funktionen — Binäre Boolesche Algebra — Geometrische Darstellung der Booleschen Funktionen — Boolesche Gleichungen. Gitter — Methoden der Reduktion Boolescher Funktionen — Anwendung der Booleschen Algebra in der operationellen Forschung.

Erich Merkel

Technische Informatik

Grundlagen und Anwendungen Boolescher Maschinen

Lehrbuch und Praktikum der Informatik und Digitaltechnik. Mit 224 Abb. — Braunschweig: Vieweg
1973. VIII, 260 S. DIN C 5. gbd. DM 26,80
ISBN 3 528 08320 4

Wesentlich für eine Beschäftigung mit der Informatik ist die Kenntnis der Funktionsweise und logischen Struktur eines Computers. Hierzu gibt E. Merkel eine detaillierte Darstellung, die für den Informatikunterricht der Oberstufe wie auch für eine Einführung in das Informatikstudium gleichermaßen geeignet ist.

In den ersten drei Kapiteln werden die theoretischen Grundlagen aus der Aussagenalgebra, Schaltalgebra und Booleschen Algebra vermittelt. Im weiteren Verlauf werden zunächst einfache logische Schaltungen vorgestellt, danach erarbeitet der Autor Funktionsweise und Strukturen von Zuordnern, automatischen Rechenmaschinen und programmierbaren Rechenautomaten. Die Kenntnis der Computerstruktur ermöglicht es, die Anwendung von Computern für nichtnumerische Datenverarbeitung zu untersuchen. Hierzu werden einfache Beispiele wie „spielende Automaten", Digitalzähler, Digitaluhren mit den entsprechenden Schaltungen vorgestellt. Diese kann der Leser mit Hilfe einfacher Schaltungen simulieren.

Simulationsschaltungen mehrerer kybernetisch biologischer Modelle geben abschließend einen Ausblick auf die Bedeutung der Informatik für die Biologie.

Die vielen Beispiele mit detaillierten Schaltungsvorschlägen machen die „Technische Informatik" zu einem interessanten Praktikumsbuch.

3.4. Anwendungen

Interessant sind nun aber die Anwendungen der Theorie auf die verschiedenen Beispiele. Hier ergeben sich auch mannigfache Aufgaben für zu Hause und für Klassenarbeiten.

1. Zunächst sei φ_1 weiter besprochen (siehe oben): Es sei $\vec{n} = (1; 1)$.

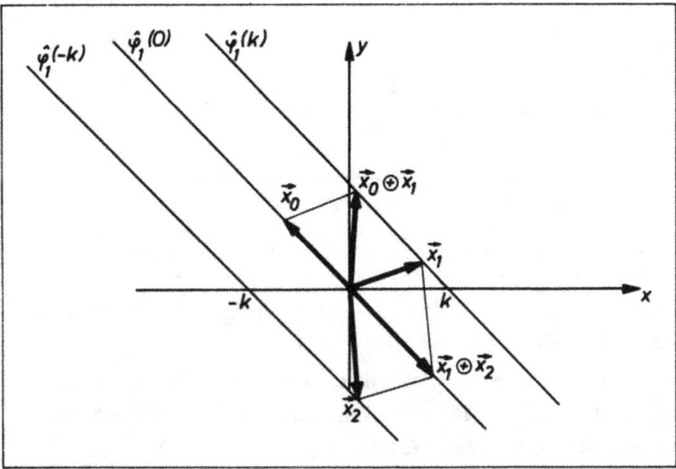

In $\hat{\Phi}_1$ ist diejenige Faser, deren Vektoren auf der einzigen Geraden durch O liegen, neutrales Element. Tatsächlich: Addiert man zu irgendeinem Vektor $\vec{x}_1$, der zu einer anderen Geraden führt, einen Vektor aus $\hat{\varphi}_1(0)$, so „bleibt" man auf dieser Geraden.

Das inverse Element erhält man durch Spiegelung an der Geraden durch O. Addiert man zwei Vektoren, deren Zielpunkte auf zwei Geraden liegen, die durch Spiegelung an dieser Geraden auseinander hervorgehen, so erhält man immer einen Vektor, der auf der Geraden durch O liegt.

2. Besonders wichtig ist aber nun die Abbildung $\varphi_3 = d$, die sofort für eine größere Urbild- und Bildmenge betrachtet werden kann:

$$\varphi_3 = d: \quad \begin{matrix} \mathbb{F}_D & \to & \mathrm{Im}\,(d) \\ f & \to & f' \end{matrix}$$

Vereinbart man noch, daß unter $(\hat{d}(f))(x)$ durch den Zusatz „(x)" die Menge von Funktionstermen verstanden werden soll, so kann man in Übereinstimmung mit der üblichen Schreibweise definieren:

> **Definition 3.6:** $(\hat{d}(f))(x) = \{g(x) \mid g' = f\} = \int f(x)\,dx$

Da der Kern von d gerade aus allen konstanten Funktionen besteht, heißt Satz 3.8 jetzt:

> **Satz 3.18:** $\int f(x)\,dx = \{g_0(x) + C \mid C \in \mathbb{R}\}$, falls $g_0' = f$.

I.a. läßt man jedoch die geschweiften Klammern weg und schreibt nur nur kurz:

$$\int f(x)\,dx = g_0(x) + C, \text{ falls } g_0' = f, C \in \mathbb{R} \text{ ist.}$$

Weiter gilt (Satz 3.9[*]):

Satz 3.19: $\hat{d}(f \oplus g) = \hat{d}(f) \boxplus \hat{d}(g)$ oder

$$\int (f(x) + g(x))\,dx = \int f(x)\,dx + \int g(x)\,dx$$

falls $f, g \in \text{Im}(d)$, d. h. falls f, g integrierbar sind.

Ebenso gilt (Satz 3.13):

Satz 3.20: $\hat{d}(a \circ f) = a \,\square\, \hat{d}(f)$ oder

$$\int a \cdot f(x)\,dx = a \cdot \int f(x)\,dx, \text{ falls } f \in \text{Im}(d)$$

Dabei muß, wie Definition 3.4 zeigt, das Produkt $a \cdot \int f(x)\,dx$ richtig interpretiert werden muß: $0 \cdot \int f(x)\,dx$ besteht aus allen Termen konstanter Funktionen!

Wie man die Theorie auch auf die anderen Beispiele anwenden kann, haben wohl die beiden angegebenen gezeigt. In einer abschließenden Klassenarbeit sollten die Schüler die Begriffe und Sätze an Hand der für sie neuen Abbildung:

$$\varphi: \begin{array}{ccc} \mathbb{R}[x] & \to & \mathbb{R}[x] \\ f & \to & f'(0) \end{array}$$

erläutern.

Schluß: Im Anschluß an die Behandlung der Theorie wurde nun der Kalkül des Integrierens eingeübt.

Wie schon in der Einleitung gesagt, hätte sich der Aufwand nur für die Einführung des unbestimmten Integrals kaum gelohnt. Auch kann nicht gesagt werden, daß die Schüler nun nach diesem Unterricht ein „tieferes" Verständnis für den Begriff des unbestimmten Integrals gewonnen hätten: Dies war auch gar nicht die Absicht. Vielmehr sollte ein abstraktes Begriffssystem aufgebaut und mit ihm gearbeitet werden, um eine deutliche Vertiefung des Mathematikunterrichts zu erreichen. Dabei wurde, insbesondere als es um die „Verbesserung" von $\hat{\varphi}$ ging, die eigene Produktivität der Schüler angefacht. Sie konnten hier erleben, daß Mathematik vom Menschen geschaffen wird, daß sie selbst in der Schule diese Mathematik mit aufbauen können, daß letztlich dieser Schaffensprozeß, d. h. das Arbeiten mit logischen Schlüssen und das Nachdenken über diese logischen Schlüsse, Mathematik darstellt.

Literaturverzeichnis

[1]   *Rainer Engelhard*, Lineare Algebra im Oberstufenunterricht, Beiträge Heft 24, Vieweg Verlag, 1973.

[2]   *Rainer Engelhard*, Leistungskurs: Lineare Algebra I, Handreichungen des niedersächsischen Kultusministers für die Sekundarstufe II, 2. Folge, 1973.

[3]   *Rainer* und *Renate Engelhard*, Bemerkungen zu einigen logischen Sachverhalten, in: Lehrgang Moderne Mathematik, Beltz Verlag/Herder Verlag, 1973.

[4]   *Rainer* und *Renate Engelhard* u. a., Lineare Abbildungen, affine Abbildungen, Kegelschnitte; insbesondere Abschnitt 3.3. Kern, Faser, kolleg-text, Vieweg Verlag, 1974.

[5]   *H. Heyer*, Lineare Algebra und ihre Anwendungen auf die analytische Geometrie. Der Mathematische und Naturwissenschaftliche Unterricht, Dümmler Verlag, Bd. XVIII, S. 353 ff., S. 392 ff., S. 448 ff., 1965.

[6]   *Kohlmann, Rudolph, Stepan, Stumpf, Toussaint* u. a., Lineare Algebra und analytische Geometrie, kolleg-text, Vieweg Verlag, 1974.

[7]   *Hans-Joachim Kowalsky*, Lineare Algebra, de Gruyter Verlag, 1970.

[8]   *R. Lingenberg*, Lineare Algebra, BI-Hochschultaschenbücher Nr. 828/828a, 1969.

[9]   *G. Papy*, Einführung in die Vektorräume, Vandenhoek & Ruprecht, 1965.

[10]   *Manfred Toussaint*, Lineare Algebra und analytische Geometrie, Handreichungen des Baden-Württembergischen Kultusministers, 1970/71.

wir stellen vor!

Grundfragen des Mathematikunterrichts

Von einem Mathematiklehrer muß erwartet werden, daß er das nötige Fachwissen besitzt,
daß er den Erziehungsauftrag der allgemeinbildenden Schulen kennt und seinen Unterricht
entsprechend orientiert, daß er weiter den lern- und entwicklungspsychologischen Dispositionen der Schüler gerecht werden kann und schließlich, daß er sein Handwerk beherrscht.
Diese Kompetenzen sind nur z. T. durch ein isoliertes Studium der Fach- und Erziehungs-
wissenschaften erwerbbar. Unabdingbar und von zentraler Bedeutung ist für den Mathematiklehrer ein Studium der Mathematikdidaktik, welche die zu fordernde Integration der
fachwissenschaftlichen, psychologischen, pädagogischen und schulpraktischen Dimensionen
des Mathematikunterrichts dadurch leistet, daß sie mathematische Inhalte unter allgemeinmathematischen Aspekten, auf übergeordnete allgemeine Lernziele, auf die Dispositionen
der Schüler sowie auf Möglichkeiten der Umsetzung in die Praxis hin analysiert und auch
die Entwicklung praktikabler Kurse betreibt. Da die Mathematikdidaktik somit den Mathematikunterricht aus der Sicht des Lehrers systematisch untersucht, ist es legitim, sie als
Berufswissenschaft des Mathematiklehrers aufzufassen.

Ziel des vorliegenden Buches „Grundfragen des Mathematikunterrichts" ist es, einen ko-
härenten Rahmen für den Mathematikunterricht zu entwickeln und auf dieser Basis Lehrern
aller Stufen die grundlegenden stoffunabhängigen fachdidaktischen Kenntnisse zu vermittel
welche für die Vorbereitung und Durchführung des Unterrichts und für eine kritische Aus-
einandersetzung mit der zeitgenössischen mathematikdidaktischen Literatur benötigt werde
Das Buch ist spiralförmig aufgebaut. In einem ersten Umlauf (Teil 1) werden anhand eines
einfachen Unterrichtsmodells die grundlegenden Parameter des Mathematikunterrichts besprochen (Lerninhalte und Lernziele, Voraussetzungen bei dem Schüler und Aktivierung
des Schülers, Lehrverfahren, Überprüfung des Lernfortschritts und der Lernergebnisse,
„Erziehungsphilosophie" des Mathematikunterrichts). Ein einfacher Rahmen für Unter-
richtsvorbereitung bildet den Abschluß des ersten Teils.

Der zweite Teil (Elemente einer Theorie des Mathematikunterrichts) behandelt systematisch
und in größerer Breite die allgemeinmathematischen, pädagogischen und psychologischen
Perspektiven, unter denen mathematische Inhalte im Hinblick auf den Unterricht zu sehen
und zu bearbeiten sind. In einem eigenen Abschnitt wird auch auf die Konzeption des lern-
zielorientierten Unterrichts eingegangen. Der letzte Abschnitt (Unterrichtsplanung und
-analyse) integriert die vorangegangenen theoretischen Überlegungen und schneidet sich
auf die Praxis des Mathematikunterrichts zu. Die Unterrichtsplanung wird an einem bis ins
einzelne ausgearbeiteten Beispiel illustriert.

Wittmann, E.
Grundfragen des Mathematikunterrichts
Braunschweig: Vieweg 1974. XI, 163 S. DIN C 5. kart. 17,80 DM.
ISBN 3 528 08332 8

Lehrbuch EDV Elektronische Datenverarbeitung

Für den EDV-Unterricht in der Schule ist ein Buch notwendig, das einerseits einen guten Überblick über die grundlegenden Strukturen der Elektronischen Datenverarbeitung vermittelt, andererseits den Schüler befähigt, einfache Aufgaben selbständig zu programmieren. Das EDV-Lehrbuch von Dr. Roswitha Engelbrecht u.a. gibt zunächst eine leicht verständliche Einführung in die Grundbegriffe der EDV und leitet danach über zum Codieren mit einer Programmiersprache. Viele Pädagogen werden begrüßen, daß hier die Möglichkeit geboten ist, zwischen ALGOL und FORTRAN zu wählen.

Der erste Teil führt in die Struktur von Programmabläufen ein. Die erforderlichen Grundbegriffe und die verschiedenen Algorithmen werden schrittweise vorgestellt. Einfache Beispiele erleichtern das Verständnis dieses Stoffes. Die Erstellung von Flußdiagrammen wird an verschiedenen Aufgaben und Beispielen eingehend geübt. Die Autoren legen großen Wert darauf, daß der Schüler die Struktur und die Anwendung von Algorithmen kennenlernt. Nach Erarbeitung dieses Teils sind die Voraussetzungen für das Erlernen einer Programmiersprache geschaffen.

Für den Unterricht eignen sich ALGOL und FORTRAN in fast gleichem Maße. Ihre Schwierigkeitsgrade sind, was die Grundelemente anbelangt, ebenfalls nahezu gleich. Ob man ALGOL oder FORTRAN mit seinen Schülern durchnehmen kann, hängt zum Teil von äußeren Gegebenheiten, wie dem Zugang zu einem Rechner, ab. Dieses Buch bietet alternativ beide Sprachen.

Es kann nicht die Aufgabe der Schule sein, Programmierer heranzubilden; die Schüler sollen vielmehr die EDV und ihre Anwendungsmöglichkeiten kennenlernen. Es genügt also, wenn sie mit den Grundelementen einer Programmiersprache vertraut werden. Das EDV-Lehrbuch sieht somit seine Aufgabe darin, den Schüler in die Lage zu versetzen, einfache Programme zu mathematischen bzw. physikalischen Problemen selbständig zu erarbeiten. Damit sind aber auch für das vollständige Erlernen einer bestimmten Programmiersprache die wichtigsten Grundlagen geschaffen.

Das Buch ist als Grundkurs für die Sekundarstufe II geschrieben. Je nach mathematischen Kenntnissen der Schüler kann man schon in der Klasse 10 mit ihm arbeiten.

Bisher ist das Buch für den Gebrauch an Gymnasien in Niedersachsen genehmigt.

Engelbrecht, R., R. Lederer, H. Schauer und H. Unfried
Lehrbuch EDV Elektronische Datenverarbeitung. Einführung in die Grundbegriffe.
Braunschweig: Vieweg 1974. 336 S. DIN A 5. kart. 12,80 DM.
ISBN 3 528 08331 x

Elemente der Datenverarbeitung

Das Werk **Elemente der Datenverarbeitung** bildet einen in sich geschlossenen Lehrgang zur Einführung in die Informatik. Es entstand durch Übersetzung und Bearbeitung des im Verlag John Wiley & Sohn erschienenen Werkes **Computer Science**, das von einem Team amerikanischer Schul- und Hochschul-Informatiker verfaßt und mehrfach in High Schools und Colleges erprobt und verbessert worden ist. Die deutsche Ausgabe wendet sich vorwiegend an Schüler der Sekundarstufe II, kann aber auch schon im letzten Jahr der Sekundarstufe I eingesetzt werden (im letzten Fall sind die zur Bearbeitung erforderlichen mathematischen Vorkenntnisse bereitgestellt).

Das Werk **Elemente der Datenverarbeitung** besteht aus mehreren sorgfältig aufeinander abgestimmten Teilbänden. Den Kern bildet ein Grundband für den Schüler und ein zugehöriges Handbuch für den Lehrer. Auf den Grundband beziehen sich mehrere Sprachbände, die in die Programmiersprachen BASIC, FORTRAN und PL/1 einführen.

Im Grundband *Problemanalyse und Programmieren* steht die Entwicklung der Flußdiagrammsprache im Mittelpunkt. Dazu werden aus verschiedenen Bereichen leicht faßliche Probleme ausgewählt, an denen in didaktisch geschickter Weise die Elemente der Flußdiagrammsprache herausgearbeitet werden. Der Schüler soll nach Bearbeitung des Grundbandes in der Lage sein, auch komplexe Algorithmen wie die Lösung eines Gleichungssystems oder die Ermittlung der Anzahl bestimmter Teilketten in einer Zeichenkette zu entwickeln und durch ein Flußdiagramm darzustellen.

Ein Vorzug des Buches liegt darin, daß die Flußdiagrammsprache nicht nur vom Problem her entwickelt wird, sondern die Bearbeitung durch einen Computer einbezieht. Dazu wird das Computermodell SAMOS eingeführt, an dem vor allem die Probleme und Verarbeitung von Daten erläutert werden. Mit seinen 16 Befehlen lassen sich die Flußdiagramme in eine einfache Maschinensprache übersetzen. Steht ein Tischcomputer oder ein anderer Computer zur Verfügung, so kann man ihn anstelle von SAMOS in den Lehrgang einbeziehen und die entwickelten Flußdiagramme damit bearbeiten und erproben. Das Zusammenwirken der einzelnen Funktionseinheiten wird an einem einfachen gedanklichen Computermodell sehr übersichtlich dargestellt. Ein Team aus Rechenmeister, Zuweiser und Ableser simuliert die Arbeitsvorgänge in einem Computer. Die beiden Computermodelle klären sehr anschaulich, welche Bedingungen von seiten des Computers in die Problemanalyse eingehen.

Da vielen Lehrern dieser Teil der Informatik neu ist, werden in einem *Lehrerhandbuch* didaktische und methodische Hinweise für die Gestaltung des Unterrichts gegeben. Im Lehrerhandbuch findet der Lehrer die Lösungen für alle Aufgaben des Grundbandes sowie viele Zusatz- und Testaufgaben mit Lösungen. Außerdem bietet es für den Schüler mit fortgeschrittenen Kenntnissen Weiterentwicklungen beispielsweise aus der Analysis. Schließlich enthält das Lehrerhandbuch zusätzlichen Stoff und Anregungen, mit denen sich Themen des Grundbandes vertiefen und weiterführen lassen.

Die Anschlußbände *Programmiersprache BASIC, Programmiersprache FORTRAN* und *Programmiersprache PL/1* setzen die Erarbeitung der ersten vier Kapitel des Grundbandes voraus. Sie sind unabhängig voneinander genau parallel zur Entwicklung des Grundbandes

angelegt und führen den Schüler weiter in die jeweilige Programmiersprache hinein. Der
Grundband kann daher von den syntaktischen Einzelheiten einer Programmiersprache frei-
gehalten werden. Er vermittelt die Begriffe, Kenntnisse und Fertigkeiten, die für das Erlernen der Programmiersprache grundlegend sind. Die einzelnen Teilbände des Werks erscheinen ab Januar 1975 in rascher Folge.

Der Grundband „Problemanalyse und Programmieren"

Der Grundband enthält sechs Kapitel und einen Anhang.

Das erste Kapitel wirft schon drei wesentliche Grundfragen für die Arbeit mit dem Computer auf und gibt eine erste Antwort: Was ist ein Algorithmus? Wie stellt man ihn durch
ein Flußdiagramm dar? Wie kann ein Flußdiagramm durch einen Computer abgearbeitet
werden? Die letzte Frage wird mit Hilfe eines einfachen Computermodells geklärt und in
wesentlichen Zügen beantwortet. Die systematische Behandlung ist dem Anhang vorbehalten, den man je nach Unterrichtsziel mehr oder weniger stark einbeziehen kann. Die
ersten Bausteine der Flußdiagrammsprache wie Wertzuweisung, Verzweigung und Schleife
werden an Beispielen eingeführt.
Das zweite Kapitel greift die Erörterung der Flußdiagrammsprache in grundsätzlicher
Weise auf. Dabei wird auf die Darstellung der Berechnung arithmetischer Terme besonderer
Wert gelegt.

Im dritten Kapitel wird die Beschreibung zusammengesetzter Bedingungen, die Mehrfach-
verzweigung und die Verwendung von indizierten Variablen in der Flußdiagrammsprache
eingeübt.

Das vierte Kapitel enthält eine Fülle von Beispielen und Aufgaben, in denen besonders geübt wird, wie man durch Variable gesteuerte Schleifen im Flußdiagramm ausgedrückt. Für
diese Schleifen wird ein besonderes Feld, das Iterationsfeld, eingeführt, das den Aufbau
des Algorithmus durchsichtiger macht.

Kapitel 5 behandelt die Darstellung von Unterprogrammen in der Flußdiagrammsprache.
Die in sich abgeschlossenen Teilprogramme in einem Hauptprogramm werden durch „Proze-
duren" beschrieben. Das Zusammenspiel zwischen Hauptprogramm und Prozedur kann
durch das gedankliche Computermodell auf einfache Weise erklärt werden.

Kapitel 6 wendet die in den vorangehenden Kapiteln erworbenen Kenntnisse auf bestimmte
mathematische Probleme an. Dabei werden Verfahren zur Lösung von Gleichungen, zur
Ermittlung von Extrema einer Kurve in einem Intervall und von Flächeninhalten unter
einer Kurve behandelt, ohne daß der Ableitungs- oder Integralbegriff verwendet werden.
Aus der Algebra folgt das Gaußsche Eliminationsverfahren zur Bestimmung der Lösung
eines linearen Gleichungssystems. Als weitreichend verwendbare statistische Verfahren
werden Mittelwertbildungen, Abweichungen vom Mittelwert und die Ermittlung der Regres-
sionsgraden dargestellt.

kolleg—texte

Physik	**Kinetische Gastheorie (Lernprogramm)**	
	Von Helmut Dahncke	
	Best.-Nr. 1580	14,80 DM
	Elektronische Schaltungen	
	Von Walter Neusüß	
	Best.-Nr. 824	erscheint Anfang 1975
	Leitungsvorgänge in Metallen und Halbleitern	
	Von Herbert Pientka	
	Best.-Nr. 825	16,80 DM
Mathematik	**Zum Sprachgebrauch in der Mathematik**	
	Von Hans Bock, Siegfried Gottwald, Rolf-Peter Mühlig	
	Best.-Nr. 823	7,80 DM
	Lineare Algebra und Analytische Geometrie	
	Von Wilmut Kohlmann u. a.	
	Best.-Nr. 826	erscheint Anfang 1975
	Lineare Abbildungen, affine Abbildungen, Kegelschnitte	
	Von Renate und Rainer Engelhard u. a.	
	Best.-Nr. 827	erscheint Anfang 1975

BEITRÄGE

ZUM MATHEMATISCH-NATURWISSENSCHAFTLICHEN UNTERRICHT

Herausgegeben von der Schulbuchredaktion Friedr. Vieweg & Sohn
Verlagsgesellschaft mbH. Braunschweig, Burgplatz 1

Schriftleitung: Michael Langfeld, Albrecht A. Weis

Die Beiträge zum mathematisch-naturwissenschaftlichen Unterricht
erscheinen in zwangloser Folge

Neu

Große mathematische Formelsammlung
Mathematische und naturwissenschaftliche Tafeln

mit vierstelligen Logarithmen

von Friedrich Kemnitz und Rainer Engelhard

Formelsammlung (64 Seiten): Aus dem Inhalt: 1. Logik und Beweismethoden — 2. Mengenlehre — 3. Relationen — 4. Algebraische Strukturen — 5. Zahlenmengen — 6. Der Körper der reellen Zahl — 7. Der Körper der komplexen Zahlen — 8. Vektoren in der Geometrie — 9. Systeme linearer Gleichungen — 10. Allgemeine Gleichungen in einer Variablen — 11. Arithmetische und geometrische Folgen und Reihen — 12. Geometrie — 13. Analytische Geometrie — 14. Analysis — 15. Spezielle Funktionen — 16. Kombinatorik, Statistik, Wahrscheinlichkeitsrechnung.

Tafeln (48 Seiten), mit Griffregister, gegliedert in die rechts angegebenen Inhalte.

Dieses Werk trägt der Entwicklungstendenz Rechnung, den Schüler durch eine breitere Darstellung mathematischer Formeln, Definitionen und Beispiele vom bloßen Wissensstoff zu entlasten. Ohne die traditionellen Gebiete zu vernachlässigen, haben die Autoren alle neuen Teilgebiete der Mathematik, die in verschiedensten Kursen der Sekundarstufe II behandelt werden, umfassend berücksichtigt. Farbige Unterlegungen sorgen für ein Hervortreten wichtiger Formeln, Definitionen und Sätze; farbige Einrahmungen ordnen den Text zu inhaltlich zusammengehörigen Blöcken. Beides erleichtert das Auffinden der gesuchten Information. Der reine Tafelteil ist auf ein Minimum beschränkt; wichtiger erschien den Autoren die Beschreibung des Umgangs mit dem Rechenstab und mit einem Kleincomputer. Auch eine Sammlung physikalischer Formeln und Gesetze wurde aufgenommen. Das Periodensystem der Elemente gibt neben physikalischen Daten (Atomgewicht, Elektronen, Dichte, Siede-Schmelztemperatur, etc.) auch chemische Eigenschaften an (Wertigkeiten, Elektronegativität, basisch-sauer, Metall-Nichtmetall, etc.).

GPSR Compliance
The European Union's (EU) General Product Safety Regulation (GPSR) is a set
of rules that requires consumer products to be safe and our obligations to
ensure this.

If you have any concerns about our products, you can contact us on

ProductSafety@springernature.com

In case Publisher is established outside the EU, the EU authorized
representative is:

Springer Nature Customer Service Center GmbH
Europaplatz 3
69115 Heidelberg, Germany